王澎世 著

懷念昔日培育精神

回首看滙豐

商務印書館

衷心感謝盧嘉賢小姐提供技術援助

責任編輯：楊賀其

封面設計：趙穎珊

排　　版：肖　霞

校　　對：趙會明

印　　務：龍寶祺

回首看滙豐 —— 懷念昔日培育精神

作　　者：王澎世

出　　版：商務印書館 (香港) 有限公司

　　　　　香港筲箕灣耀興道 3 號東滙廣場 8 樓

　　　　　http://www.commercialpress.com.hk

發　　行：香港聯合書刊物流有限公司

　　　　　香港新界荃灣德士古道 220-248 號荃灣工業中心 16 樓

印　　刷：美雅印刷製本有限公司

　　　　　九龍觀塘榮業街 6 號海濱工業大廈 4 樓 A 室

版　　次：2023 年 3 月第 1 版第 1 次印刷

　　　　　© 2023 商務印書館 (香港) 有限公司

　　　　　ISBN 978 962 07 5947 5

　　　　　Printed in Hong Kong

目錄

第一階段 初出茅廬

專員生涯

第二階段

晉身上層
第三階段

自序

　　講到滙豐，我曾經寫過兩本書，前後十多萬字，覆蓋面甚廣。但是我知道，第二本並非講滙豐，而是講滙豐九位曾經叱咤風雲的高管，如何用他們的思維、言行來影響滙豐的發展。所以經常碰到老友，他們總會問我何時再寫滙豐，明顯意猶未盡。我也知道，目前知道滙豐陳年往事的人不多，而又能寫的更不多。我不寫的話，這些陳年往事就會石沉大海，從此失傳，有點可惜。我的記憶力不及前幾年，記性開始退化，記得的事物逐年減少，再不寫的話，就會煙消雲散。只好鼓其餘勇，再次執筆，記得多少，寫多少。若有不足之處，請勿見怪。

　　不過說在前頭，我是 1973 年進滙豐，2004 年離開，要寫也就是這 30 多年內的所見所聞，之前怎樣？不知道。之後怎樣，不清楚。有待前輩或後起之秀補充，來個錦上添花，不勝感激。

　　我在這 30 多年的時光，曾在滙豐五個地方分區工作，計有香港、中國內地，以及海外美國洛杉磯、加拿大溫哥華，包括最近有點新聞價值的所羅門羣島，工作經驗算是比較豐富，希望這本書所記載的故事，可以提供給各位讀者茶餘飯後閱讀的興趣。還是那句謙虛的話，寫得不好不要見怪，我絕對是盡力而為。

前言（一）

過去幾年跟商務合作，學到不少東西。作為作者，寫書最大考量就是要寫得好，得到讀者的好評，很少考慮寫的這本書是否好賣。出版社的考慮就有點不一樣，好不好賣更重要，也是考慮讀者願不願意出錢買這本書。現在的大環境跟以前不一樣，任何人花錢都會考慮值不值得。很不幸，但是可以理解，書本不是必需品，而且每個人都似乎很忙，抽不出時間去書局逛逛，還要買本書回家閱讀，哪有那麼多時間，更別說沒有閱讀的閒情。總結而言，若果寫書力有不足，寫不出好書，賣書的自然心有忐忑，怕賣不出去。

不過寫滙豐故事，一定有銷路，起碼過去的同事總會買本看看，回顧過去，懷舊一番。滙豐同事值得表揚，他們對滙豐有難以磨滅的情懷，就算退休之後，依然心存懷念。說實話，我退休多年，還沒遇上一個舊同事對滙豐口出惡言，說三道四，有所抱怨。那到底是甚麼原因？我希望借這本書講出其中道理，不過不是講道理，我是講故事，從故事中讓讀者看出其中道理。

我寫的年代包含了一種轉變，從前是「殖民主義」（一般人的說法），由老外掌權話事，後來權力逐漸轉移給本地華人，進入華洋共管時代。這種轉變帶來不少可記的往事，看我在一把年紀之際，還能記得多少，要考考我的功力了。

前言（二）

　　讀者可能奇怪，為甚麼我要提及「昔日」這個詞，難道滙豐有新舊之分？主要有兩個原因。第一，我認得的滙豐是 20 年前的滙豐，跟現在的滙豐肯定不一樣。如果不說清楚，就會造成誤會，對不起讀者。第二，現在不少還在滙豐的人遇上我，總會告訴我：現在的滙豐跟以前不一樣了。暗示我看不懂現在的滙豐，有點道理，我不敢辯駁。所以我要說清楚，這本書說的是過去昔日滙豐的故事，跟現在我不熟悉的滙豐沒關係。

　　銀行會變嗎？我覺得會。大環境有變是其一，小環境有變是其二。大環境在過去 20 年變化多多，銀行肯定會變，那是因為變則通的道理。不說別的，我記得這樣的話：大小通吃；抓大放小；也有抓大不放小；更有抓小不要大。林林總總都是大環境在變而導致的結果。小環境指的是銀行內的人馬，有膽大包天的領導，統領大刀闊斧的行動；也有膽小如鼠的領導，風雨在前，躺平為上。不過有共同點：說話一般是瞎扯，下面的人聽不懂最好，出了毛病不要把責任往上推。

　　七十年代之後的 30 年，變化多多，不僅是滙豐受影響，其他銀行也一樣，問題是大家都不說出來，過去就過去。如果我不說，就不會有人會說，寫到這裏，我覺得自己算是「其志可嘉」，寫得不好，或寫得不對，請不要見怪。

第一階段
初出茅廬

第 1 章

中大畢業初出茅廬，銀行招聘未見積極

　　我在 1972 年夏天，從香港中文大學畢業，馬不停蹄，馬上找工作。我主修工商管理，心目中有兩條路：銀行和洋行。說到銀行大家都明白，滙豐、渣打、恆生、東亞都是目標。講到洋行大家會有點陌生，莫非是渣甸及太古洋行？是的。但是招聘的對象一般在香港大學，輪不到中文大學。

　　講到這裏，不得不提兩家大學的區別，讓大家瞭解背景。香港大學歷史悠久，在香港一向是獨一無二的高等學府，直到 1964 年，香港中文大學成立，香港才有第二家大學，可是在香港人心目中兩家大學有高低之分。不說別的，入學資格就很明顯。當年香港有英文中學、中文中學之分，自然前者以英文授課（除了中文科），其中表表者計有：英皇、皇仁、喇沙、聖保羅等等，後者以中文授課（除了英文科，亦英亦中），其中較有名氣的包括：培正、培道、金文泰、真光等等。中文中學讀五年，第六年叫預科，讀預科就是為了考大學。英文中學讀六年，加一年預

科就可以考大學。所以英文中學可以在六年畢業後考中文大學，中文中學要讀完預科才能考中文大學，但是中文中學生無法就讀英文中學的預科，所以無法考香港大學。當年香港大學是三年制，中文大學是四年制，所以才有如此彆扭的招生方式。

我讀的是中文中學，讀完預科，就可以考中文大學，但是沒有資格考香港大學。相反，有些人讀完英文中學第六年之後就可以考中文大學。可以説英文中學是二選一，而中文中學是一選一，等於沒得選。當然如果沒考上中文大學，還有其他專上「學院」可以選擇，例如：浸會、理工、珠海等等，也可以考慮海外升學，當年台灣也有不少選擇，例如：台大、師大、東海等等。一句話，要讀書，不愁沒學校。

讀完四年後，我會加一句：要畢業，不用愁，問題是甚麼「榮譽」學位而已。最棒的是一等榮譽，得一等榮譽的畢業生不多，同一屆最多十來個。二等榮譽分上、下兩種（真的是這麼分），人數分配就像金字塔，上面人少，下面人多。如果二等輪不上，不急，還有三等，人更多。萬一，我説萬一連三等都輪不上（真是倒霉透了），那就是俗

稱「光頭」，算是安全到埗，不必重修。有沒有人重修？絕對有。我們系就有一位師兄，重修三次，最後被系主任懇請畢業，以免佔着學位，阻人前進。此位師兄（綽號滔哥），各種樂器難不了他，整天在樹下彈唱，怡然自得，但上課、考試全不在心上。算是奇人，讓人開眼界。

畢業後自然要找工作，市場雖然不像「音樂椅」那種遊戲，大家要靠搶。不過 1972 年市道不好，找工作不容易。原來工作多寡每年不一樣，有如荔枝有大造、小造之分，今年豐收，明年歉收。1972 年正巧是歉收之年，大小銀行沒有好的工作，甚至沒有工作，洋行也一樣。政府有 EO，但是為數不多，而且都説是港大優先。我們這屆畢業生都能感覺到徬徨、無助、無可奈何。第一炮是我同班同學進了滙豐，月薪 1300 元，跟 EO 一樣，簡直是傲視羣雄，羨煞旁人。接着是另一位進了稅務局，也是 1000 元多，算是不錯。其餘的是你眼望我眼，心中苦悶説不出口。日子飛快，但是待業的日子不好過，無形的壓力從四方八面而來，最苦惱是自己的「無力感」。

這時候，大家想法一致：騎牛搵馬。問題是市場上牛也不多，小牛也不要嫌棄。沒多久，我找到一條小牛，叫

做友聯銀行。看名字就知道規模不大,有點像幾家合作社或信用社拼湊而成。其實這是印尼華僑經營的小銀行,總行在西環,其餘還有兩家分行,在尖沙咀及油麻地。老闆姓溫,年近六十,聲如洪鐘,行動敏捷,看來就是會做生意的人,大、小算盤都很精。他開出一個低於市價的價格,港大1,000,中大800,其餘600。說好招聘四名見習,先到先得。我急迫需要一份工作,長期待業說不過去。管它大牛、小牛,騎上去再說。說起來不算太差,800是月薪,沒有超時加班補貼,但是提供膳食,午飯、晚飯兩餐免費。一聽上去,就知道工時特長,但是並無其他選擇,只能二話不說,立馬提槍上陣。自己知道,不要忘記放眼四方,可隨時有「駿馬」出現。

見習六個月,我算是行為良好,悶聲不響熬過這段艱辛的日子。有三點值得一提:第一,天天加班,晚上十點後才有機會回家。第二,當時沒有手提計算機,要用算盤計數。我是算盤能手(小時候在台灣學的),沒想到日後自討苦吃。為何要用算盤?因為客戶的利息天天要算,可以想像這差事有多煩。第三,午飯吃飯,晚飯吃粥,員工不賺,也不虧。日間八小時,晚間四小時,可謂「有飯吃飯,有粥吃粥」。明明是見習,反而第二天就擔大旗。六個月

後，準備升級，但是加薪有限，八百加到八百五，多少有點不爽。市場有變嗎？1972 這個小年已過，1973 年應該是大年，很老實，不管怎樣，心中已萌去意。

其他同學在過去半年也不見得有讓人豔羨的際遇，一是觀望，二是移民。尤其是班上的女生紛紛表態，準備去加拿大定居。我才知道，原來加拿大是個好地方，吸引不少人過去。我面前只有一條直路，找到更好的工作是首要目標。家裏開始有話說給我聽，其中一樣是「規勸」我考慮滙豐銀行。滙豐銀行對老家在上海的人來說，絕對是首選，是唯一，沒有之一。為何？上海人一直對外灘的滙豐總行大樓有莫名的愛慕。雄偉、莊重、壯觀各種形容詞都無法全面描述上海人對滙豐的崇敬（甚至可以說崇拜）。家人對我說過多次，如果我進滙豐，他們會去黃大仙燒香拜佛，表示還神。說得多，自然有壓力。每次經過中環滙豐，總會打量一番，裏面該是甚麼樣呢？門口有對獅子，聽說摸過獅頭肯定走運。我不會錯過任何機會，有機會連獅子的腳趾也摸過，相信好運離我不遠。

難忘的人和事

滙豐獅子，有兩頭坐鎮大門口，非常威猛。既然有名字，張口那頭叫史提芬 Stephen，閉口那頭叫施迪 Stitt，都是紀念滙豐銀行早年的經理，坐鎮差不多 100 多年，守護滙豐銀行，絕對是香港地標之一。有傳言，摸過獅子帶來好運，不算是迷信，因為的確如此（起碼對我而言）。既然有名字，把兩頭獅子人物化不為過，相信香港人對獅子有份情感，覺得他們不僅守護滙豐，也守護香港，前些日子受到破壞，大家憤怒非常，覺得影響香港風水，可見這對獅子受到高度重視與關愛。原來在上海也有一對獅子守護舊滙豐大樓，同樣是外灘地標之一。滙豐有兩對獅子守護，歷年來逢凶化吉，難能可貴。

第 2 章

獅子頭一摸，運氣自然來

　　1973 年，照例是個「大年」，人力市場理應暢旺。我在友聯銀行捱過六個月不見天日的歲月，心想：應該雨過天晴，好日子不遠矣。沒多久，果然傳來好消息：滙豐銀行招聘見習生。不過當時在南華早報上的招聘，用的是英文，一時沒看懂是甚麼職務？英文是 Regional Officer Trainee，Trainee 我懂，但是 Regional Officer 我就不懂是怎麼回事。連忙找到那位已經進了滙豐的同班同學，虛心請教高明。奇怪，對方並沒有太多解釋，只是說這份工作跟他不一樣，他是主任，英文是 Supervisor，有點不得要領。再把招聘細看一番，我是符合資格呀，大學畢業是硬條件，其他軟條件，例如：勤奮、上進、堅毅等等，有誰會說自己不是？完全符合，心中暗暗歡喜。最重要的是那份「舖保」不再需要，這份東西以往是「絆腳石」，就是要有一家被滙豐認可的商舖為申請者發出的保證書，如有意外導致銀行損失，商舖負責賠償（而且無上限），像我這樣出身的人哪裏去弄份商舖保證書？簡直是開玩笑。這等於說，設置這個門檻就把不少有志的人拒於門外。現在取消了，

那是百年不遇的好機會，不去報名，尚待何時？

　　説是容易，其實不然。招聘過程內有乾坤，果然是大銀行，規矩多，口氣大，自己是上門有求，一直低聲下氣，有問必答，不敢造次。我大概運氣好，沒兩下就跑到最後一關，跟一位女性長官見面。為甚麼叫她長官？因為她的銜頭叫 Personnel Officer，不就是長官的意思？看來跟 Regional Officer 扯不上甚麼關係。見面之前，有位看來像是葡籍的女士關照我，千萬不要「頂頸」，也不要「低頭不語」，加一句「一定要答得好」，説完就帶我進去。房裏面的那位女士，是個典型的英國女士，臉上全無表情，桌子不大，有塊牌寫了她的名字，叫 Unthank，直譯是「不多謝」的意思，有點古怪，但是我不敢盯着看。對答一些簡易的問題之後，她忽然來一個沒想到的問題，其實不是問題，是她自言自語的話才對。她説：我們從來不招收崇基畢業生，你知道嗎？大家可能不知道，中文大學當年有三家組成學府：崇基、新亞、聯合，各有特色，我不願妄自菲薄，那家好，那家不好。不過身為崇基畢業生，聽到她的話，心中不安。這是甚麼意思？把我否決掉了？接着她又來一個不是問題的問題：你知道嗎？你的頭髮太長了。甚麼？對話中有人身攻擊。我一下子沒忍住，犯了一個低級

錯誤：頂頸。我說：現在年輕人不都是長髮嗎？滙豐是頂級銀行，應該領導潮流才對。講完就後悔，自己一句話很可能把這份工作搞砸了，但是話說出去收不回。奇怪，她沒甚麼反應。看了看日曆，那就年初四來上班吧，不過記得去做體檢。有點半信半疑，走出門口，看到葡籍女士，給她一個苦笑，因為還不確定是不是已經搞定。她連忙給我一張驗身的介紹信，加一句：我都話你得啦。原來她老早已經知道結果，所以叫我不要頂頸，以免壞事。沒想到頂頸也沒問題，心中很輕鬆，走出銀行大門。看見雄偉的獅子，忍不住前去摸摸它的鬍鬚，打個哈哈，坐天星小輪回家。沒想到，這次的面試改變了我的一生。下一步就是年初四，絕對是新的開始。

大家可能不知道，當年進銀行需要「舖保」，就是要有認可的公司出一張保證書，申請人日後出問題，就要這家公司擔保所有損失。現在想想，這張保證書有誰願意出？無限額度，誰賠得起？這不是強人所難？明顯是設置較高門檻，不讓沒有家底的人來申請。當時以為只有華資銀行會出這一張來「卡脖子」，原來滙豐也是如此。不過我們面對這種要求，只能望門興嘆，徒呼奈何。忽然間滙豐取消這要求，吸引不少畢業生趕緊遞交申請。不過我要聲明：

這是我當時聽回來的傳言。後來我進入滙豐之後，找機會問過跟人事部有關人士，似乎並無此事。不過以前滙豐在50年代確有「買手」，除了購置辦公室所需之外，尚且負責聘用本地員工。當時要不要舖保，不得而知。到了70年代還要不要舖保就無法確定，記得我在觀塘分行遇過一位姓李的前輩，聽説他是買手之後，曾經鼓起勇氣問過他，求證他入行之時可要舖保？他只是笑笑説：你説我要不要？當時的滙豐還是看重「關係」的，所謂朝廷有人做官好辦事，這句話自古皆然，總有道理。

難忘的人和事

Patrick Lee，這位李姓人士，確是滙豐上任買手之子。1949 年與沈弼同年進滙豐。1975 年，我在觀塘分行任職，他在外匯部做主管。外匯部哪會忙？所以他經常四處搭訕，淡化他的孤單。他屬於有錢人，我有分數，因為他總會叫我，身為儲蓄部主管，跟維拉港分行（今瓦努阿圖，從前叫 Port Vila）接頭，把他的美元存款續期。維拉港是滙豐銀行的亞洲存款中心，專收離岸美元，有免稅優惠。他的存款在當時接近美元七位數，令人艷羨。原來做銀行可有如此風光之日，心存敬畏。他很會算賬，我們餐廳的炒飯賣五元，外邊三元，他會叫人買回來，在餐廳吃，卻有免費茶水。省一塊錢是一塊，深明致富之道。

第 3 章

進滙豐眼界大開，
首日上班遇驚喜

　　1973 年大年初四我進了滙豐，第一站在德輔道西分行。除了地面之外，還有兩層，一層是押匯，當年不叫進出口貿易，是銀行業務的「麵包與牛油」，在分行內的地位高高在上。其他部門都是配套，是學習的好地方，只要不妨礙別人工作。有押匯的分行屬於「大行」，經理一般是老外，以示其重要性。另外配上兩位本地專員，一位較為資深，把守押匯，要賺錢但不要出錯。另一位守住大堂的儲蓄與往來兩個部門，不要有人投訴就天下太平。經理在閣樓，整天在辦公室裏面沉思，門口有位金牌 Boy 守住，閒人不得打擾。

　　我剛到分行，就給人帶到閣樓，原來已經有三位見習專員在一間空置的辦公室「聚居」，加我一個有點擠，但是夠熱鬧。讓我解釋一下，甚麼是 Boy？Boy 的工作就是替經理服務，分兩種：為分行經理一個人服務的是金牌 Boy，為整個部門服務的是 Boy，兩者之間有高低之分。

有沒有女性的 Boy？有的，極少。男的 Boy 全名叫 Office Boy，女的 Boy 就叫 Office Girl，據說後者很少，碰上一個就很了不起。甚麼原因不敢瞎猜，一直都沒有人解釋過。其實工作很簡單，就是在寫字桌之間傳遞文件。原來每張寫字桌都配置兩個文件籃，一個是 IN，收件用；另外一個是 OUT，發件用。坐在寫字桌上的人等收件，處理完畢就扔進發件籃，等 Boy 來取，Boy 一看就知道要派發到哪一位繼續處理下一步。一般半小時左右就會過來，不會超時；超時就會被認為是「蛇王」，偷懶之人也。有文件籃的人會把尚未處理的文件放在第三個文件籃，叫 PENDING，指那些文件仍在處理中。所以可以有兩個籃，也有可能有三個籃，似乎個人喜好不同而已。

作為新到的見習，我沒有辦公桌，所以我也沒有文件籃。其實有也沒用，因為沒有文件給我，根本不用文件籃。簡言之，基本上沒事幹。其餘三位見習也沒甚麼好幹，大家有點坐立不安，總想找工作，以免別人説我們閒話。幸好當時股市暢旺，天天漲，就算有小回，第二天還是會漲，有錢買股票肯定不會錯。當年的漲是瘋漲，有錢不買股是傻子。我第一天上班就遇上一件沒想過的事情，因為是年初四，有顧客上門拜年。他們都會到閣樓向經理

拜年，然後派利是。我前腳進分行，後腳就有客戶上門。其中一位穿唐裝，姓呂，聽說是米商，在股市中賺了大錢。一上門，用宏大的嗓門跟大家拜年，先去經理那邊，出來後掏出一疊「大牛」，全是 500 元的大鈔，俗稱「大棉胎」。走過來一人一張，臉上笑咪咪，一臉輕鬆。看到我，就說：這位哥哥沒見過，以後多幫手。照樣也是一張大棉胎塞在我手上。

還沒發工資，就給我一個大「紅包」，喜出望外。第一反應：能收嗎？門口的金牌 Boy，叫 Percy，帶着笑容說，沒問題，人人都有。500 元並非小數，幾乎攀上友聯銀行的工資。雖然有點不習慣，但是人人都不覺得是問題，我想應該沒問題吧，當年不懂事，這樣想也很正常。大牛之外，這位老闆臨走還加一句，每人一袋大米，下午送到家門附近。我以為是說笑話，原來是真的，還是 100 斤一大袋，結果回家後要找人幫手抬入屋，不過算是愉快的經驗。其他還有客戶上門拜年，我就不多描述，算下來有 3,000 多元紅包，等於出雙糧，好不開心。心想，還好跑得快，離開友聯真是上上策。

跟工資有關的消息陸續有來，原來銀行宣佈加薪，幅

度甚高。見習專員在 1973 年是 1650 元，現在看不算高，以當年來說肯定是「鶴立雞群」，比我的同學要高出不少。這給我的感覺是「爽快」，背後原因可能跟股市暢旺有關，銀行怕有人跳槽，跑去證券公司打工，那就不妙。記得嗎？當年股市暢旺，人人賺錢，尤其是股票經紀，口氣很大，吃飯都要「魚翅撈飯」，而且魚翅要像手指頭那麼粗才像樣。

或許我應該趁此機會解釋一下，甚麼是專員？工作是甚麼？專員這個名字很怪異，第一眼以為是粵語殘片吳楚帆所扮演的專員，拿起黑色公事包就要趕去廣州開會那種人。其實不然，專員是 Officer 的翻譯（但是至今我還沒想出更恰當的翻譯）。原本是英國軍隊用的名稱，指軍官的意思。但是放在銀行就古怪一點，難道銀行跟兵團一樣？滙豐銀行一直有不少以前當過兵的高管，對 Officer 這個字比較理解，用起來也沒甚麼問題，但是換為中文變成「專員」就有點不妥，但是沒人指出問題，就一路用下去。專員做甚麼的呢？我後來觀察所見，專員就是「負責人」的意思，專員按年資分級別，第一年就是 Year 1，第二年就是 Year 2，如此類推，一直到第 14 年，就有其他安排，要麼升級，要麼告退。負責人的工作主要是看管與簽字，沒有特定工

作性質。那見習專員又是幹甚麼呢？專員不幹的事，下面的人不敢做的事，就順理成章到了見習專員的手上。

以我為例，在德輔道西分行就有不少材料，可以解釋見習專員的工作。如果用英文來解釋的話，見習專員的工作就是 Non-Job，不是工作的工作。我的日常工作有兩樣：第一，幫客戶算賬，就是把客戶的股票總值算到昨天為止。如果客戶要我們給出目前的總值，那就要立刻跑到銀行樓上的陳氏股票行把現價抄下來，回來再乘以股數，得出答案就可以。為甚麼要如此精確？因為客戶要增大透支額度，再買股票，因為天天漲，從銀行多貸一點是一點，換成股票明天又賺，何樂而不為？第二，幫客戶交收股票，就是把客戶賣掉的股票送到總行股票部，然後把買進的股票從那邊取回來。別忘記，當年沒有快遞，要靠自己人交收，而見習專員最適合這份工作，而且絕無怨言。因為是有價證券，我們來回路上要把股票與轉手紙分開，兩個人一人拿一樣，坐不同的小巴或大巴上中環，以策安全。我是新人，是固定的「跑腿」，最起碼天天來回一次。這項工作好處是在總行等待時間很長，可以在中環蹓躂。壞處是無聊透頂，而且一去就要一整天。

就這兩樣所謂工作，用了我六個月的時間來學習。而最重要的部門——押匯部根本沒去過，真是入得寶山空手回，可惜。

難忘的人和事

Percy，沒人稱呼他中文名字，所以欠奉。他是我報到之日遇見的第一個人，給了我驚喜。他在門口攔住我，問：是不是阿蟲介紹來的？雖然是當時盛行的廣告語，一時間沒聽清楚，以為他說阿 Sir，霎時間舌頭打結，不知如何回答。他馬上補充，一看就知阿 Sir，不用介紹。然後朝內大聲叫嚷：阿 Sir 到。他把我帶到其餘見習生那邊，雙手合十，一句「保重」，就走開了。後來才知道，此人甚有江湖地位，太太在地庫設有廚房，供應美式早餐，香味四溢。大多數人都會點一份，三塊錢包咖啡奶茶。我逐步瞭解金牌 Boy 把守經理房門，不讓進就不讓進，有一夫當關之勇。他也是一名準股神，經常給我貼士，並加一句：「發達無限量」。

第 4 章

初入銀行遇牛市
分辨階級睇凳仔

　　第一個月發工資，心中無限喜悦，比以前在友聯高一倍，當時是 850 元，現在 1,650 元，哈哈。那邊的工作時間是朝八晚十，這邊是太陽下山就收工，搭「叮叮」到中環，再坐天星小輪過九龍，回家不遲過六點鐘，這種相對的感覺難以形容。另外一樣不同，不敢說是好是壞，就是這邊沒事幹，遊手好閒。這不是我的性格，我喜歡忙這樣，忙那樣，閒坐着無聊不是我所喜。

　　1973 年的香港，沒經歷過的人是無法想像，每個人除了講股票就沒有其他。上班歸上班，那是正業，炒股是副業。大家一見面，第一句話是：有甚麼好股？沒辦法，不管哪一隻股票，買了就升。有錢的人多賺一點，沒錢的人也可以炒「即日鮮」，早上買，下午賣，賺一千幾百很過癮，而且更會上癮！今天賺，明天一定再來一次，還有後天，最好天天都能賺錢。最記得我們閣樓那位金牌 Boy，每隔一陣子就過來傳播消息（從樓上的陳氏股票公司而傳

來），滙豐多少，渣甸多少，大家聽到都有滿意的表情。下一步是甚麼？跟我們的客戶學習，認購新股。拿來表格，選個「莊家」出面認購，其餘的人參股。我記得把自己的有限儲蓄入股一隻叫「美漢」的股票，做甚麼生意不要緊，只要上市升值就好。果然，一元的認購價，一上市就是六元，買一千股就賺五千元「利潤」，哪有其他「投資」更有苗頭？客戶賺大頭，我們賺小頭，皆大歡喜。基本上沒有人不買股票，可以說，不買的就不是人，這可不是刻薄的話，是事實。

我開始喜歡這家分行，尤其在閣樓，走幾步就來到陳氏股票公司，那邊有長板凳，所謂「塘邊鶴」就是指坐着看股市行情的人。原來前面有塊很大的白板，上面有熱門股票，畫好線，左邊是買，右邊是賣，價位寫在上面，下邊有號碼，也有股數。一看就知道哪隻股票有人追捧，買家多就是了。看這塊板，自然心中有數，跟風就對了。板凳上有幾個同事，彼此間沒有尷尬，都是同一目標：賺點錢就好。甚至交流個人心得，稍後回到辦公室再告訴其他同事。金牌Boy是這裏的常客，證明老外經理也有同樣愛好。

分行內唯一例外是押匯主管，姓曾的師兄。此人大我

四五年，很本事，年紀輕輕已經是「鏢頭」，鏢是押匯的英文 Bills 的諧音。一般大行才有鏢頭，但是沒有老外做鏢頭，因為他們不懂（絕無貶意，是事實），鏢頭有點江湖地位，本地華人與葡籍人士分庭抗禮，各領風騷。這位姓曾的師兄，跟我投緣，經常約我去打壁球，我是有點勉強。一來技術有限，總是大敗而回。二來限時限刻，三十分鐘就打完，有如蜻蜓點水，不過癮（我是想多練習）。在路上，他總會跟我說，滙豐這銀行不容易爬上去，不過他說我有機會，也沒說他怎麼看出來，可是我也樂意接受他的「預測」。後來沒多久，他就移民多倫多，做保險去了，聽說也是頗有成就，果然在滙豐是「龍游淺水」，另謀發展有道理。日後我們還有書信來往，保持聯繫，可是我沒告訴他，他的預測只準了一半，我結果還是在滙豐退休，可惜一直沒爬到頂。

　　他不炒股，認為書本中才有「黃金屋」，我很佩服他的看法，把他作為樣板，看書、寫作就是從他的啟發開始，所以一直稱他為大師兄，以示尊重。另外還有一位小師姐，叫 Eileen，她是內部升為見習的，屬於有料之人。我的英文基礎不好，自知語文能力弱，不過好在不恥下問，而她是有教無類，幫我批改英文變成日常工作（既然沒有其

他工作）。她會用紅筆批改我的錯誤，一般是「滿江紅」，不過我絕不介意，這樣才有進步。我身邊還有兩位是港大畢業生，英文頂呱呱，但是惜字如金，不願傳授給我，也很難怪，我的程度實在相距甚遠，自己加油更重要。後來，Eileen 移民滿地河，還約我去參觀 1976 年的世博會，後來我沒去，有點懷悔，也很遺憾，因為至今仍未再次碰面。

說到見習的師兄，不能不提 Peter，他是我們四位見習的「領班」，有事就代我們出頭。老外經理也是找他處理事務，其餘三人等同透明。這位經理非常斯文，跟我們沒甚麼交流，人前人後就聽到他說 Excuse Me，即是對不起的意思。其實沒甚麼事要他說對不起，就是等同說：Hello，你好的意思。我想，如果有人踩到他，他也會說「Excuse Me，對不起，是我的腳讓你踩到了。」這屬於我們的古話：禮多人不怪。他這句話是我進滙豐從老外身上學到的第一樣東西，一直很受用。

從 Peter 身上我學會了滙豐銀行如何分辨階級。他有個「凳仔分高下」的理論，很準確。他說，除了坐在辦公室內的「阿 Sir」之外，其餘人的身份可以看凳子。有種皮的，可以轉動的，坐上這種凳子的人是 Officer。說完指指他那

張凳子，帶有滿意的笑容。皮凳子，不能轉動的，但是有扶手的是 Supervisor（沒有中文，勉強叫主任），是比 Officer 低一級。再下一級，沒有扶手，有靠背，叫 Clerk，可以譯作文員。再下一級是非文員，例如：Office Boy，就是一張板凳。Office Boy 之下還有一種人，叫 Messenger，是信差的意思，要跑出去送文件或幫同事買東西那種人，基本上沒有固定位置，因為整天在外邊跑。聽他一席話，就可以把滙豐的員工身份高低弄清楚。我們見習沒有固定的凳子，找到沒人要的板凳算好運氣，自己帶着走。所以有個挖苦自己的説法：我就是「擔凳仔」的那位同事。這樣説，肯定不會得罪人，謙虛總不會錯。在德輔道西分行的第一站，的確學到不少學問。

難忘的人和事

Peter Tam，中文叫談發，是我首先遇上的師兄，的確了不起，尤其英文擲地有聲，是港大優異生。他對見習生背景很清楚，對升級次序很關注，是見習生的「天文台」。對於外邊是否風大雨大，瞭如指掌，讓人佩服。他深得經理看重，有事必定先問他。他說英語一點不含糊，語速非常慢，力求精確，是學習英語最佳樣板。他喜歡講道理，甚麼事情應該怎麼做，有板有眼，說是師兄，其實是師傅，我對他暗地推崇備至。不僅是我如此，其餘的同事更甚，因為他是我們心目中股神，也是大好友，點石成金，是眾人黑暗中的明燈。升級後不久就離開滙豐，另有發展，可惜。

第 5 章

名為專員培訓　實為自我鍛鍊

在德輔道西分行半年，完成了三年培訓的第一站。說是培訓，其實不然。第一，沒有教練，怎麼叫培訓。第二，沒有目標，培訓有何用。第三，幹些粗活，怎能算是培訓。不僅是我有怨言，其他見習也一樣。大家都有一個共同的想法，三年快點過去，就可以升級，成為真正的專員。那有甚麼好處？就是不想再過這些無聊日子。但是也有可能是從熱鍋跳進火坑，誰知道？不要以為我已經開始有意興闌珊的心態，沒有，我還是意氣風發，精神抖擻。德輔道西分行給我的不是培訓，反而是一種同甘共苦的精神面貌。

馬上就要離開這分行，卻沒人寫我的培訓報告（那個時候不流行），流行的是 KCMG（英國爵士銜頭的簡稱），是一句俗話，要這樣理解：Kau Chung Must Go，夠鐘就要走人。見習在多方面都是負擔，以分行來看，快走為妙。以我們來說，心態也一樣。搞定一站是一站。我倒是有點捨不得，這分行的人很有人情味，尤其是大家一起炒股

票，同甘但沒有共苦，日子快活。但是同甘也埋下一個地雷，以後才爆，留給我一個頗大的遺憾。因為賺了蠅頭小利，雄心勃勃的結果，大家四個人合資買了 4000 股和記股票，33.6 元一股，每人參股 36,000 元，期待股價有如火箭升空，一發不可收拾。沒想到這個價位就是最高價位，可惜沒賣，一直拖到三年後，跌到一塊不到，大家才決定割愛，虧了老本，連以前賺的全部輸光，還倒貼。不僅是遺憾，還是個污點，銘記在心。

離開德輔道西分行，直奔中環告羅士打大廈，現在已經拆掉，與旁邊的大樓合併為置地廣場。正確位置就在電車站旁邊，樓高六層。舊告羅士打的地庫是家餐廳，也曾叫做「馬星會所」，咖喱不錯的，更重要的是 24 小時營業，還有角子老虎機。很明顯，是中環的「蛇竇」，要找「蛇王」，到馬星會所肯定找到。滙豐的培訓中心就在四樓（或許是三樓，記不得），一共九人，一個老外叫 Beath，坐鎮為經理。管事的有兩位，一姓譚，綽號譚校長，美國伯克利大學物理博士，至今我還不理解他為甚麼要來滙豐搞培訓。但是人很好，講課很仔細，講話不溫不火，沒有半點脾氣。另一是范專員，跟譚校長相反，他是急性子，講效率。跟他講話，他先說：你只有一分鐘，快、快、快。這

樣的人肯定有前途，後來高升為分行部主管，德高望重。可惜英年早逝，40多歲就離世，是銀行一大損失。

　　培訓中心有四位 Supervisor 負責教課，三名見習（包括我），也教課。不過我教的東西很簡單，新入行的同學要學銀行各部門是幹甚麼的，我負責這門 Basic Banking Course，簡稱 BBC，還有零碎的課程，例如：如何數鈔票（都是已經打印，準備註銷那種）。不算忙，我講課算是受歡迎，因為我聲線低沉，引人入睡，尤其下午飯後。我不會驚動任何人，各自修行。當年是九個人、四個課室的培訓中心，後來快速發展的結果，在21世紀來臨之際，全球人數破千，真是驚人。

　　值得一提的是滙豐在英國 St Albans 的培訓中心（距離倫敦半小時火車路程），大概是在1990年前後開設。原先是某家族的別墅，是一棟頗具規模的建築物，被改裝為三間課室，每間可容納20人左右。另外有餐廳、酒吧（叫 Hexagon），還有20多間小房間可供住宿。別墅外有頗大的花園。唯一的問題是沒有公共交通，出入附近小鎮或火車站要叫出租車。一般海外過來上課多數是其他成員的高管，方便交流。我在滙豐的日子，去過三、四次。

開會還好，可以乘搭商務艙，如果是培訓就欠奉，要坐經濟艙，十多個小時不簡單。就算是開會，有時候是當天來回。一早到倫敦，趕火車、出租車到場，黃昏掉過來，深夜回香港。要有鐵人一般的體魄才能應付自如，否則有苦自己知。不過這裏的早餐至今難忘，香腸是我的至愛，香噴噴，又爽口。可是滙豐早幾年就把它賣掉，大概這種格調不合時宜，受到高層詬病的結果。英文名字叫Bricketwood，僅以為記。

講到培訓，我喜歡上課的氛圍，但是我不喜歡聽課。尤其講師講課太沉悶的話，我會神遊太虛，人在心不在。由於多次被發現神遊，結果給講師頒發獎狀，評選為世上最難接受培訓的人物，英文是 Most Untrainable Animal。可惜我四處調動，這張獎狀不知所蹤。否則我還可以掛在牆上，傲視同羣。

不過我對培訓的興趣一直未減，從滙豐退休後開始提供片段式培訓，我最喜歡的題目是領導力的培養，可惜這題目現在不受歡迎，可能大家都認為領導力是天生的，有就有，沒有就沒有，培訓沒用。

難忘的人和事

　　Auntie Susan，這人對其他人沒有一點意義，她是在英國滙豐培訓中心的阿姨。從倫敦到英國的培訓中心，坐火車約需半小時。那裏是一個農莊改造而成，內有三個大廳作為課室，另有 20 多間小套房，有獨立廁所，給來上課的學員使用。外邊有大花園，可以散步。我最喜歡這裏的早餐，尤其是英式 scone 與香腸，百吃不厭，而且要吃第二輪才過癮。這位 Auntie 看見我胃口好，總是給我添加一點，對別人就翻白眼，作鄙視狀。那是因為我很客氣，總是叫她 Auntie，她大概從未遇過這種稱呼，覺得很親切。每次去上課，她看見我，總是來一句：You，big eater，然後自動加碼給我。可愛的小人物，讓我難忘。

第 6 章

滿心期待進押匯，豈料閒置練忍耐

在銀行各種業務中，以押匯最受重視。押匯的同事自然知道這一點，進出部門都是挺胸抬頭，給人傲視同儕的感覺。押匯這個名字要解釋一下，分出口押匯、進口押匯兩種。押就是放進去的意思，而匯是匯票的簡稱。兩個字拼在一起，就是指一張票據，證明買家會照價買，賣家會照價賣，最終由買家付款，也就代表一單生意的金額，像是貸款，卻又不完全是貸款，是給銀行的證明：雙方確有買賣其事。

我在第三站見習路上，就被派到進口部，算是運氣好，也是學習銀行業務的好機會，有點雀躍。我第一天就準時報到，「接見」我的是位老外部門經理，叫 Cooke，後來知道他的綽號叫「煮飯佬」，跟他的姓有關。此人二話不說，把我送到另外一位老外面前，叫 Fricker，後來知道他叫「木獨佬」，負責託收，就是買賣間沒有信用證，出口商請我們向進口商代收貨款。這種工作一講就明白，不需要太花時間來看文件。我剛剛搬了一張板凳坐在他「附近」，

以為不會太近妨礙他工作，沒想到，他做了一個向外撥的手勢，意思叫我再挪開一點，像是觀看別人打乒乓球，要離台三呎才行。我也不說話，索性就隔開五呎，雙方都爽快。隔開五呎肯定看不到他桌面的文件，就是說無望從他這邊學習。那不要緊，還有別人。

可惜，周邊的人一般給出「冷肩膀」，還加一句嘲諷的話：大學生不用學都懂的啦。迎面而來的是彼此無言相對，好像誰先說話誰就輸那種遊戲。這時候，我開始瞭解，原來大學畢業生來做見習並不受歡迎，為甚麼呢？再次無所事事，四處走走，看看有沒有「同類」跟我一樣命運，大家可以相互訴苦。有，不止一兩個，還有好幾個，都已經在這部門被冷落了一段日子，明顯意興闌珊，意志消沉。他們就躲在石柱子後面，壓低喉嚨在聊天。舊總行有不少石柱子，是「蛇王」的好地方，三五成羣，也沒人管，蠻自在的。心想，這地方是黑點，千萬不要給人抓到，後果難料。但是有時候忍不住，過去講兩句波經也是很正常。我很快就有兩個發現：第一，來到這裏的見習都有一個灰色的文件夾，裏面原來是報紙的複印本，是張「馬經」。第二，這裏原來是「投注站」，有位 Boy 收「馬纜」，而且說是準時派彩，跟馬場一樣，沒有偷工減料。站了一

會，原來不少人幫襯，付錢後有張手寫的收條。

我是好奇，問這位 Boy，誰來賠錢？他笑笑，指着牆上一張複印本，是銀行發的定期單，好像是六萬元。他的回答很簡單：實有賠的，放心。這位 Boy 叫甚麼名字我忘記了，但是明顯在這裏開展副業已有一段日子（或許該說是正業），一向相安無事，老外經理不時過來幫襯。既然是「積非成是」，何必多計較，我對自己這麼說。學習與否變得不重要，原來有機會多賺點錢是天公地道的事情。我對跑馬興趣不大，不想上癮。對這個地方敬而遠之，壞了名聲，讓人說我爛賭的話便划不來。

當年的我的確有點傻呼呼，沒過幾天就去找「煮飯佬」，我說工作少，時間多，要求縮短六個月的培訓，最好兩個月，讓我去下一站報到。沒想到他竟然沒有任何嫌棄，笑咪咪的把一把鑰匙扔給我，加一句：有份好工作等着我。他叫我去找一位 Supervisor 就知道詳情。原來是要去地庫的貨倉，為某個賣手錶的客戶進貨與出貨。再問清楚，這是甚麼回事？原來這位客戶把手錶作為抵押，今天取多少，明天就要存多少。賬不用我算，貨要我處理。原來如此，每天一早有張清單塞給我，我帶鑰匙跟一位男性

Messenger 到地庫的貨倉提貨，對方收貨的人在外邊等我。相反，如有貨要存，此人就會交給我簽收作實。貨就是手錶，放在紙盒裏面，蠻重的。這項工作最大的問題在於貨倉裏面燈光不足，而且紙盒給人隨意放，完全沒有邏輯，要找絕非易事，而且貨倉空氣不流通，一股難聞的氣味，要在貨倉待上半天，可真吃不消。不過自由自在，好過在辦公室數手指。

原來這種工作一直找不到人來做，對一般員工責任太大，而且簽字難以作實（見習的簽字已經榮登銀行的簽字名單上，算是有簽字權的負責人）。叫專員來做，又好像浪費人力，見習最好，橫豎沒事幹。每個見習都要輪流來做，每個人都不吃虧。我算好，三個星期就換出來，另有新來的見習接手這份古怪的工作。相信我不講，沒人知道。

我認為自己的工作沒勁，其實還有別人更差。原來在進口部的櫃台上有兩個接待員，一個叫 Daniel，另一個叫阿堅。一般有英文名字的人比較開通，吃得開，容易讓老外記住自己的名字。他們兩個人負責收單，就是在單據上敲個印，表示甚麼時候收到文件。問題是文件不多，每天十來份已很了不起。他們兩個沒其他事，只是敲印，平均

每人每天七、八份而已。他們分工明確，你敲一份，我敲一份。等到我到這個崗位「學習」一星期的時候，每人每天只有四、五份，千萬不要貪快，一定要慢慢敲，看準才行，否則三個人沒事幹，在櫃台上不好看，很容易變為新的「蛇竇」。不過不要低估閒着沒事幹的人，他們都有「副業」，炒股票是明顯選擇。那位叫 Daniel 的同事，後來升官發財，升級為專員（好像沒經過見習階段），而且投資眼光獨到，賺了大錢，屬於文武兼備的人上人。這故事告訴我一個真理：能夠一心兩用，才是發達之人。我自認力有未逮，一直學不會。

我一直以為埋頭苦幹是升遷的基本功，逐漸發現事實有點偏差，原來要走捷徑，不少人是樣板，可惜我不屑，後來才發現自己走錯路。在押匯進口部，大概是得失了「煮飯佬」，不到兩個月就給他踢走，大概看我不順眼。不過也好，加快我培訓過程，已經完成三個部門，總共六個，匆匆就過了一半。哈哈，忍不住笑出來。問自己：三個崗位學到甚麼？一個字：忍。要來的總會來。

難忘的人和事

Daniel Kwok，姓郭，是我同期見習，一步一步走過來。兩人都是在押匯部受訓，接着海外培訓六個月，我去所羅門羣島，他去維拉港，各有所得。他這人長得神氣，在滙豐有優勢，因為銀行看重外表，不是一表人材，也要文質彬彬。這一點我只能羨慕而已，無法改變己不如人的現實。不敢說滙豐這個隱形標準不妥，但是有一定道理，要管人就要像個長官，就是專員 Officer 這名稱的來由，Officer 是指長官的意思。Daniel 有自己一套看法，別人很難有相同波段，他也不屑與平常人來往，但給人神仙下凡的感覺。他沒多久退隱溫哥華，教人耍太極，呼吸仙氣，悠然自得，乃得道之人。

第 7 章

股市熾熱忙不斷，稽核盡是苦幹活

一晃眼，我的第一年就這樣過去，明白滙豐有好幾個優點：第一，糧期準，每月 28 日存進賬戶，絕無拖欠（別忘記，比友聯高一倍）。第二，人情味很好，很少有人惡言相向（包括老外經理），學會說 Excuse me，就無往不利。第三，學習不在乎工作的程序，處理逆境反而更重要，忍、忍、忍（重要的字講三次）。第四，學習進程表面上看來沒條理，其實暗地在測試我們的潛力，將來能否順利成為可靠的專員。我逐步理解，專員的英文叫 Officer，不出頭的見習將來就是軍隊裏面的「沙展」（Sargeant），管一班士兵的人物。能出頭的見習才有機會成為軍官，名副其實的 Officer。想怎麼走，看自己想怎樣而已。

當時大概有 30-40 個見習專員，另外已經升級為專員的大概有 20 來個，不算多。在 1973 年大手筆招收新的見習，那一年就有 14、15 個大學畢業生進滙豐做見習，後來繼續招聘，也不斷內部提升。至於老外一類的國際專員，當年有接近 400 人，分佈全球滙豐銀行，有不少在香港，估計

有 70-80 人。不要低估這些老外,他們有一個特色:說走就走。銀行要開發中東某個地方的業務,就會抽調老外過去,一個地區起碼五、六個。調派到甚麼地方沒商議,完全由人事部負責(後來才叫人力資源部),最高級那位俗稱「鬼王」,要人三更走,就不能等到四更,可見其威勢。老外見習跟我們本地見習風馬牛不相及,互不相干,但是工作經常遇上,他們的態度是:絕不緊張。大概是因為隨時會被調走,不必太過投入,但是不要會錯意,以為他們都是敷衍塞責,也有不少辦事認真,讓人敬佩。

國際專員要遵守的規矩比本地專員要多:第一,隨時動身,調派其他崗位,不得有異議。單身還好,有家室就麻煩,小孩讀書調換環境可不是容易的事。雖然銀行的輔助很周全,但是經常搬家絕非樂事,值得同情。第二,專員不成文規定,任期達 14 年必須升級,分三個等級:負責人 Accountant(不是會計,要譯為負責人)、副經理、經理。這三級之間大概相隔四、五年。如果 14 年後不能升級,則自動告退。第三,專員的工作期限是 30 年或 53 歲,先到為準。53 歲離職的原因是希望還能找到另外一份工作,滙豐的職位就留給後起之秀。第四,婚嫁需要銀行批准,不得自行決定,尤其跟亞裔(包括香港人),銀行要審議才決

定。第五，調派地點不得有反對，而且「好壞」輪流，好是指文明進步的城市，例如香港、新加坡。不好的就不說明白，大家都知道有哪些有欠文明的地方，沒有最壞，只有更壞。幸好滙豐在非洲大陸沒有分支機構，少一份擔心。

調派到了總行股票部後，才知道甚麼叫「忙」，每個人都忙，快步走還不行，隨時要跑。為甚麼？股票市場旺，交易量大，股票交收自然多。就是說，買股票的經紀行有人過來取股票，賣股票的經紀行有人過來交股票。櫃台上忙得不可開交，來往櫃台與儲藏庫之間，簡直是馬不停蹄。進出要有專員簽字，這種事情一般輪到外籍專員，他們「進攻」不行，但是「看守」沒問題，所以這地方有不少外籍專員駐守，也是我第一次遇上多個外籍專員，一般年紀不大，25、26歲左右吧，在銀行有四、五年經驗。

當年這個股票部是個響噹噹的地方，地點緊貼舊滙豐大樓的附加樓，是棟全黑色的建築物，裏面完全不覺得跟舊大樓是分開的。好像只有一層樓，地面層給股票部全包，還有一個非常大的倉庫，倉庫的鋼門直徑比人還高，起碼有兩呎厚，裏面全是一層層、一格格的抽屜，抽屜裏面有紙皮文件夾存放股票。股票不多的戶口，文件夾很

薄。如果是大客戶，文件夾就「腫脹」之極。倉庫裏是橢圓
形的，大概有七、八格高，要取上面的戶口文件夾，要爬
樓梯上去才行。這樓梯圍繞橢圓形軌道，上面有勾扣住，
不怕會倒下來，但是爬上去就有搖晃，不小心就會摔下來。

調派到這部門，我沒有特殊感覺。最初讓我不懂的是
要下午四點才報到，我那個小組沒有辦公桌，負責人是個
年紀稍長的外籍專員，還有一位本地專員為副手。另外還
有四個文職人員，大家都站着在等電腦報表，順便聊聊當
天股市行情。（股市下午四點收市）很快就理解為何是四
點報到，原來要等股市收市後，我們才開工，因為我們這
組人負責「稽核」，就是靠電腦上的數字來核對倉庫內的股
票。報表是昨天下午截止交收後的數字，把今天進的股票
加上去，減去今天賣出的股票，就是倉庫內應有的庫存。
一點不難，不需要太多腦汁也能理解。

外籍專員名叫 Stock，不過跟股票沒關係，是巧合而
已。講話很斯文，不厭其煩提醒我要小心，不要出錯。報
表與實際存貨不一樣就要認真查清楚。如果能一次就準
確 那就是求之不得。他補了一句話，說我年輕不怕爬上爬
下，大戶口就靠我了。後來才知道，大戶口的文件夾放在

上層的話，就要爬上去拿下來，可不簡單，雙手扶梯，就沒第三隻手捧文件夾下來，要靠腿夾住扶梯，搖搖晃晃才下得來。

很快到了五點，其他人全部撤退，剩下我們這個所謂「稽核組」，開始把股票文件夾拿出來，找地方坐下，把手上電腦報表跟實際股票核對。通常問題在於今天交收的股票，客戶買的股票還沒有存進來，賣的也沒提貨。即是說，報表永遠跟存貨對不上，要去找買賣單據來核對。小戶口還好，交易量不大；但是大戶口進出頻繁，上下幾萬股，想要核對正確，實在不易。這時候的見習專員就顯得用途多多，俗話說「好使好用」。這可算是我第一份苦工，爬上爬下的工作，真的要年輕才行。

上班四點，下班十一點，共七小時，沒有吃飯時間。自己帶飯可以，給我十五分鐘搞定。我後來覺得要爬上去把文件夾拿下來不方便，便索性站在扶梯上數股票，然後跟報表對。雖然搖晃，不過省時間。太大的戶口，就只能捧下來核對，在扶梯上面幹不來。為了數股票，我特意買了 Casio 小型手提計算機，把它綁在頸上，一路數，一路打進計算機。這是我第一次用手提計算機，也是當年新鮮出

爐的「高科技」產品。那是 1974 年，如果大家想知道的話。

我還有位葡籍同事，跟我一起核對股票，這人有點像樹獺，動作慢悠悠，你急他不急。你快手就做多一點，他說慢才不會錯，股票不能錯，有點道理。這位同事後來我再碰上，還是一份慢悠悠的工作，一早打定主意，凡事都要慢準沒錯。

難忘的人和事

E A Lima，沒有中文譯名，大概身份不高，銀行沒有給他中文名字。姑且稱其為利馬。利馬是小人物，我最初見他是在總行股票部，他是 Supervisor，但是他說他不管人，只是一個用來出糧的身份，不必當他為上司。（見習的身份比他低，但是沒有明文規定）他的工作很仔細，動作因此很慢，有點像樹獺，或許更慢。但是小人物要生存，總有辦法，可以借鏡，那就是：逆來順受。不過小人物也會發跡，他後來出任 ICAC 聯絡人，進出文件要經他，大為成名。跟我很通氣，總是說我倆也曾同撈同煲。他在幾年後發現有腎病，終究不治。只記得他是好人一個。

第 8 章

嚴守紀律只求晉升，「生死狀」培訓是條件

在總行股票部擔任稽核，看似重要，其實是粗淺工作。把客戶存在銀行的股票跟電腦報表核對一下，正確無誤就好。如果有出入，就把當天交易數量調整一下，應該就沒問題。銀行講究管控，不能出錯。我們要學的不是技術，而是管控的方法，將來升級為專員，責任大很多，就是要懂得管控。管控的基本功在於自己會問問題：萬一這樣會怎樣？如何應對萬一帶來的後果？俗語所謂「不怕一萬，就怕萬一」就是這個意思。

這個時候的滙豐，不愁沒有客戶，作為香港最大銀行，客戶會自動找上門，所以銀行對管理人員的要求，不是要「進攻型」的人馬，反而要求懂得「防守」。在過去一年多的見習生活，看到一些見習不習慣這種思維方式，決定離職，另謀出路。記得有一個哈佛畢業生來到滙豐做見習，整天不滿意，覺得自己很委屈，像是「龍游淺水」，結果他自我了斷，不到半年就離開滙豐。或許是銀行的錯，把他招進來，注定這樣的結果。這時候，我開始摸出門

路，要在這銀行打滾，聽話最重要，有點像軍隊，服從命令就好，不要自作聰明，這沒好處。另外還有一個故事，説明銀行還有其他要求。有位港大畢業的見習，姓劉，聽説英文很好，跟別人混得很熟，尤其是 Boy，經常一班人去維園踢球，舉止有點像「波牛」。我開始不覺得有甚麼不妥，後來發現他給銀行辭退。據説是説他行為「不檢」，不像未來的「軍官」，銀行情願讓他早日離開。雖然是傳言，但是不是沒有道理。難怪各師兄都會關照我們後輩穿着要小心。深藍色套裝、淺色襯衣、黑色綁帶皮鞋、黑襪子是必備，其他當異類。不用問真假，看看各師兄打扮就知道此言不虛。師兄特別關照：咖啡色千萬要避免，綠色可以，但是必須是愛爾蘭人。

雖然這些都是人傳人的故事，我覺得有可信度，起碼「入鄉問禁」總不會錯。這銀行有不少當過軍人的高管，嚴肅、嚴格、嚴謹一樣也不缺。不過也有足夠的人情味，大家一起工作，跟從規矩是最起碼的要求，我想自己可以應付得來，而且跟我的性格一樣，所以一直不求他想，只希望早日學成，升為專員。當然我有向上的目標，作為專員可以申請購房貸款，額度 20 萬，以當年來説，買一間六、七百呎的單位足夠有餘，而且貸款利率特低，只需 2%，全

港最優惠，這是吊在我們面前的「紅蘿蔔」，雖然還未能吃得到，但是看得很清楚，絕對是鼓勵。

大家不要以為三年或六個崗位是升級唯一的要求。原來還有兩樣，一是銀行學會第一階段考試要及格，共五科（現在寬度、深度都提升了），當中兩科有點難度：經濟地理與銀行法（至今尚未瞭解為何要考經濟地理，可能是預設的絆腳石）。二是完成為期 26 天的青年領袖訓練營，據說是強制體力勞動，有爬山、攀石、划獨木舟等等活動，目的很簡單：勞其筋骨、苦其心志，讓人不畏艱險、克服困難。一般人的態度是「可免則免」，但這是屬於必修科目，無法逃避。我的態度很簡單，既然要來的擋不住，不如早日接受挑戰，自動報名，讓人事部有點吃驚，莫非是「明知山有虎，偏向虎山行」的現代版？

1974 年盛夏，我被徵入伍，正巧 25 歲，屬於大齡青年，希望是「大器晚成」。之前滙豐有好幾個學員半途而廢，而且還有一個遇上雷擊喪命山頭（好像是蚺蛇尖），因此大家對於這項「培訓」心有餘悸，去之前要簽「生死狀」讓人覺得戚戚然。我簡單說明一下，培訓基地在新界西貢羣山之中，分男女班，不同時間舉行，課程稍有不同。男

子組主要有四類活動，有的在山上，有的在海中，道理只有一個：全是體力、毅力的極限挑戰。過程讓人回味，但是當時身在其中苦不堪言。

　　我不在此細述詳情，因為會佔據不少篇幅，但是要解釋為甚麼滙豐會要求見習參加這項培訓。最簡單的說法就是要我們「吃苦」，吃得苦中苦，方為人上人。吃苦包括絕對服從，是滙豐銀行當年的信念之一，我能理解，也很感激這樣的安排，讓我逐漸感受到滙豐銀行的核心價值觀。或許大家會問：為甚麼滙豐銀行會有這樣的價值觀？我相信沒有絕對正確的答案。我有幾個猜想：第一，滙豐高層全是外籍人士，在香港發展業務，指揮過萬的本地員工，需要有高度服從性的中層管理人員。我們見習專員日後就會成為中層，自身服從，更要帶領下一層服從。第二，銀行工作講究管控，但是要看管過萬員工服從既定的紀律，需要把服從「注入」銀行的價值觀，人人遵守就不容易出亂子。第三，香港的大學生一般是「太子爺」的生活方式，甚少受苦受難，身嬌肉貴不在話下。銀行要我們在升級前「惡性補習」，而且可以從教官的回饋進一步瞭解我們的態度，是否合適成為未來的領導。對我來說，這培訓不是沒有難度。我是盡力而為，有某些活動是高難度，做不到也沒辦

法。我相信這是銀行的考慮：是否盡力去做最重要。

這項培訓課程過了幾年後就被取消了，甚麼原因？不知道。大概是有高管覺得費時失事，花不來。或許是因為服從性不再重要，這些滙豐銀行的價值觀逐漸消失。從前人角度來看，有點可惜。

難忘的人和事

Peter Tsang，中文叫曾啟堅。我在德輔道西分行首遇他，很佩服他。他比我大幾年，就能主掌押匯業務。不僅如此，他的英語造詣很高，文句總是通暢到位。不時約我打壁球（絕非我強項），同時體會到他的時間觀念，從不超過半小時。還把我拉進他的「隊伍」，玩當年盛行的管理競技遊戲（大公司、銀行必然參加），還說我有異常的預估能力。可惜我當時沒當真，否則今天已是股評家。他沒多久就離開滙豐遠赴多倫多做保險，臨行贈言：要我儘快另找出路，否則自廢武功很可惜。我後悔沒聽他善言。目前仍時有來往，他贈言不斷，乃良師益友也。

第 9 章

海外培訓體驗異國風情，
滙豐安排世上絕無僅有

難得我一年半就把一個見習該做的事完成大半，去過四個部門（原則上是六個），銀行學會的考試考完，體力勞動培訓圓滿結束，剩下的「指定動作」就是遠赴海外受訓。當年滙豐的安排頗為「豪爽」，銀行負擔六個月海外培訓的所有費用，目的地有三個選擇（那是銀行的選擇，見習沒有發言權）：美國、加拿大、英國、蘇格蘭、荷蘭；南太平洋島國：所羅門羣島、維拉港（今天的瓦努阿圖）。大家心知肚明，最理想的目的地自然是歐美，屬於上籤，太平洋羣島是下籤。對我而言，只有一個目標，快去快回。還算我運氣好，在所羅門羣島有個空位，人事部就把我候補上去，就這樣，我就展開為期六個月的海外培訓。雖然不是最佳選擇，但是我是滿懷熱情接受這個安排。

大家一定會問：為甚麼滙豐要把分行開到那些山旮旯的地方？有生意嗎？我當時不清楚是甚麼原因，甚至今天還是不太理解。先說所羅門羣島，人口 200,000 出頭，當

地華人不到 1,000，一般只是開雜貨店糊口。島上全無工業，商業也有限，最多出口椰子油。以今天的準則，開分行是勞民傷財，絕對不值得。另外那個維拉港，屬於英、法兩國共管，有旅遊業點綴一下，生活環境比所羅門羣島稍好。兩個地方受澳洲影響，簡直是附屬地一樣，澳洲兩家銀行支撐當地「金融業」，滙豐陪太子讀書，完全不成氣候。也許開設分行原本打算為我們提供海外培訓之用，現實卻是找不到人，要我們充場面。滙豐當年的擴充計劃頗有雄心，沒多久再開一家分行在斐濟羣島，三行鼎立，是很有氣勢的，但是不實在。

原來在 70 年代中期，滙豐銀行有意大展身手，除了在香港拼命，在海外也一樣。香港有俗話說：銀行多過米舖，的確如此。滙豐的目標是一千家分行，雖然剛剛過三百。如果擴充計劃屬實，開到南太平洋島國是無可厚非，雖然銀行不缺錢，但是缺人。一家所羅門分行就要有三名專員、見習專員駐守，哪有這麼多見習可以提槍上陣？所羅門羣島上有些華僑搞小生意，找滙豐最多都是滙款回香港，三、五百元澳幣的交易，全是沒錢賺的生意。不知道是誰的主意要來這個「破地方」？全行十來個員工，對銀行工作一知半解，絕對不能委以重任。還有一位老外

經理，屬於「看羊人」，看管分行不出亂子，其他事不用管（有點像放逐）。工作全靠我們姓梁的大師兄，一位第四年的專員，一手一腳搞掂整家分行的一切。他絕對是我們的榜樣，連澳洲銀行都知道他有真材實料。

在所羅門羣島這家分行工作，完全應驗了「麻雀雖小，五臟俱全」的說法。我們只有三個櫃位，有三名本地員工，我們兩位見習坐在櫃台後面不遠，有客戶進來，不管是誰，我們都會跑上櫃台招呼客戶，搞清楚對方要甚麼，才會交給本地員工執行。如果由他們接待，很明顯會出錯，有錯再改就更麻煩。他們的長處是態度和善，整天笑咪咪，永遠不會生氣。穿着白色襯衣，加上白短褲、白長襪（典型澳洲裝扮），看上去像香港以前的衛生幫。大師兄的態度是樣樣自己來，別人站一旁。我們兩個見習希望解釋清楚，到底要怎樣處理日常工作，總不能一直靠我們支撐大局。沒想到，來到所羅門，一邊向大師兄學習，另一邊把學會的傳授給本地員工，一代傳一代很應該。

這地方非常熱，辦公室有空調，所以我們一般七點多才下班，開了大師兄的老爺車（1952 年的福士）回家。大家懶得煮，就把早上開的午餐肉夾剩下的麵包填飽肚子就

算。這裏的午餐肉非同小可，不是一罐，而是一桶，約一呎高。我們是每天一桶，很少例外。銀行算客氣，每人兩元澳幣補貼，正好買一桶午餐肉。大師兄下班後沉默寡言，少有交談，一人獨坐一旁，像是賭氣。我們不敢招惹他，後來才知道他在跟自己賭，到底一個小時有多少壁虎從天花板掉下來。原來壁虎吃飽蚊子，四肢抓不住天花板，就掉下來，啪一聲，此起彼落，有點嚇人。家裏是四壁蕭條，甚麼都沒有，有三張藤梳化。還有三個房間，供我們三人用。由於沒有冷氣機，也沒有風扇，自己必須學會怎樣才能「心靜自然涼」。三個人相對無言，大家大概都在想過去的日子，怨自己跑來這鬼地方捱苦。累了就睡，明天眼睛睜開又是新的一天。

致電回香港通話殊不簡單，要去郵局訂通話時間，一通三分鐘，隨時一百幾十劃不來。寫信更搞笑，沒有三星期到不了香港。到了培訓的尾聲，逐漸明白銀行的核心價值在於「忍」這個字。受點苦，忍。不順意，忍。吃點虧，忍。忍到最後，希望變為「人上人」，不過我相信，還是要忍。

六個月的培訓，屬於另類的多姿多彩。這是我培訓的

日子裏面最精彩的一段，我不敢說銀行真知灼見，在這裏開拓市場。但是我倒是佩服銀行的勇氣，事後覺得不對，再改。世事不會永遠對，也不會永遠錯。總要嘗試才有權評論其中苦樂，滙豐當年的文化就有「不怕輸」，甚至「輸得起」的思維，值得佩服。到了這一個時點，充分理解銀行不看重「技術」，而是看重「藝術」，做人、做事的藝術。1975 年 4 月，準時歸航，開始新生活。

難忘的人和事

Alex Wang，此人姓王，名字不記得。在所羅門群島無人不識，起碼待過 20 年。他的伯父乃當地首富，坐擁大片椰子林，收入可觀。Alex 為他打工，可惜是份閒職，所以經常有空，也有閒跟我們滙豐外派員打交道。他很客氣，跟他女友（後來結婚，但不久又離婚）在家招待我們晚餐，晚晚如此。除了交情，最主要可以飯後打上幾圈麻將，是島上唯一娛樂，何況牌友難覓。這人很熱情，大概受熾熱天氣影響，總是帶着苦笑，説生活困難。不打麻將，整天數手指的確不好過。後來他買下唯一大酒店，頗為風光，還搞地方政治，有聲有色，可惜沒多久病逝。

CC Leung，中文梁志祥，尊稱師傅梁，或師傅，絕對名副其實，是我早年崇拜偶像，一點不誇張。我到所羅門群島之時，他已在那裏兩年有多，怨氣很大，可以理解。他對分行業務非常瞭解，對總部要求更是熟悉，簡直是活字典。在辦公室絕不言笑，也不會直接罵人，但是大家知道他心中罵人。他有句私家口頭禪：尿壺養蛇，經常掛口邊。甚麼意思？問他也

是這句話作為答案，沒結果。多年後才想通，原來是遲早衰的意思。他在家經常不發一言，我們不敢招惹，當他是菩薩，而且是活菩薩。回港不久，他便遠赴美國定居，從此失蹤，再也不見蹤影。念甚。

第二階段

專員生涯

第 10 章

升級專員意氣風發，銀行工作長路漫漫

　　1975 年 4 月從所羅門羣島「凱旋」歸來，總算「畢業」了，自此不再是見習，心中很是快慰。從 1973 年年初四算起，兩年三個月就完成「學業」，比銀行的規定快了將近一年，算是有本事。等到人事部確認，我就成為專員。同年五月，我跟另外一位同事一起升級，而且同步被派到總行進口部，算是舊地重遊，那位「煮飯佬」還在，心中有點忐忑。我們兩個沒有固定工作，名義上是替補，有專員休假，我們就補上。沒人休假，就自由發揮，粵語叫做「行行企企」，沒人管。沒想到，升為專員之後，還是一樣。

　　滙豐的進口部有個特色，專員級別的人馬大多數是葡籍人士。我從旁觀察得到一些看法，第一，他們在押匯是老臣子，沒有調動，自然成為沉澱。第二，押匯跟進出口商人有密切關係，外人很難打進這個圈子。第三，他們英語與粵語雙通，比本地專員有優勢，我們經驗與人脈都比不上。第四，人事部深明大義，不會盲目換人，以靜制動方為上策。我到了這部門，沒多久就吃了一記悶棍。好不

容易等到一位資深的葡籍專員休假，一早回來坐在他的那張可搖晃的皮凳子上，看看南華早報，顯示一下自己的「威風」。沒想到，八點不到，此君出現面前，二話不說，揮動右手，叫我走開的意思。我想問他不是休假嗎？結果沒問。很識相就離開他的桌子。他一直沒跟我說話，點了煙，就跟另外一位葡籍人士聊起天，我是聽不懂，也不想聽。跑到柱子後面的「蛇竇」跟自己人聊天更為實際。

這時候才明白，做見習有麻煩，升級後有另類麻煩。麻煩不斷有，要看自己如何處理麻煩，銀行不會有人仗義出來擺平一些不必要的麻煩，連「煮飯佬」走過，看看不作聲，打個我看不懂的眼色，甚麼意思？他是「看羊人」，只要羊隻還在吃草，其他都不是他的問題。這是一種普遍現象，面對自己有兩條路：跟隨，不作他想；反抗，自尋煩惱。兩條路都不好走。一旦到人事部更不妙，一來是打小報告，二來是自曝其短，無力做出改變，要求別人幫忙，並非「好漢」。這時候，我知道混下去就是浪費時間。自己去找其他空位，找到可以申請「過埠」，人事部或許願意來個「順水推舟」，我就得其所哉，早日離開。閒置個多月，機會到來。我聽說觀塘分行有位師兄移民，很快有空位。機不可失，趕緊跟人事部報名，結果順利調職。

這件事是小事，但是有啟發作用。第一，凡事要爭取，等天上掉餡餅，那是白日夢。第二，決定要果斷，看見情況不妥，回頭走人，不要依依不捨。第三，銀行管理層也有不少怕事的人，自己要有「不平則鳴」的態度，否則吃啞虧，沒人同情。話雖如此，我在這段時間看見不少所謂「大腳友」，整天往人事部跑，不管是拉關係，或是拍膊頭，都是一個道理：朝廷有人做官好辦事。這一點我理解，但是我不會，也不想。銀行工作是漫漫長路，不能一直靠「托」這個字做人與做事。當然我能理解，這種性格不討好，總有吃虧（或吃苦）的一天。

　　不是想說滙豐有甚麼不好，其實香港這地方就是這樣，任何一家機構都有「笑貧不笑娼」的風氣。滙豐有不少高層曾經在軍隊服役，人有點死板，就是死板才不讓人搞關係，走捷徑，所謂「我們不吃這一套」的意思。就如我在股票部做見習的時候，就看過部門大老闆的綽號「阿牛」，頑固的態度讓人敬而遠之，絕對不給別人機會走內線。東西看不順眼，就往地下扔，你沒面子，活該。我到了觀塘分行，負責儲蓄與定期存款兩個部門，不要低估這分行，原來是工廠區與住宅區的交滙點，人口多，來滙豐開戶口的人也多，交易量很大。分行有 16 部櫃員機，每部兩個

櫃員共用，分 AB 位。櫃台全開有 32 個櫃員，陣容龐大。說出來不是新聞，每天一早就有兩三百人在門口排隊等取款。大多數是工廠工人，也有家庭主婦取款買菜用。一開門，分行大堂就擠滿人，一直不停，這種陣式要見過才相信。講到人多，一定要告訴大家，1975 年滙豐推出自動轉賬，英文叫 AutoPay，銀行派人（一般是見習）到各工廠幫工人開戶，以後工資就打進戶口，工廠省卻不少功夫，出糧不再發現金。這些工作轉嫁給銀行後，銀行因此獲得不少新客戶，可惜他們的存款不多，一般發工資後全部取出，不會把錢留在銀行。

滙豐屬於「社區」銀行，這種有苦難言的業務不會推辭，算是一種早期的社會責任。苦的是我們的同事，連吃中飯的時間都沒有，只能停下手幾分鐘在隱蔽地方吃兩口飯（銀行提供免費飯盒）。每天的人均交易量高達 270 單，就是每一分鐘左右完成一單揳款，不可思議。我的工作就是去「安撫」同事的情緒，長期工作壓力很容易造成心理困擾，但是我能做的事情不多，總不能把客戶「節流」，不讓進銀行。這個時候就知道，做一個專員扛責任，不像以前「行行企企」日子輕鬆。此時更為理解銀行過去給我的培訓，為甚麼是着重對人的態度，而不是處理交易的技術。

在觀塘分行不是沒有其他學問，這分行有五個專員，一位老外經理（可見分行的重要性），在他們身上體會不少「反面教材」，將來有用。先說老外經理，綽號「單眼牛」，又是一條牛，牛氣沖天，說的是牛脾氣而已。他跟我沒有近距離接觸，不過他在開會對我說過：他上班看不到我，就是我遲到；下班看不見我，就是我早退。不接受解釋，而且更會面斥不雅。那是有道理還是沒道理？我覺得是反面教材，我自己不會這麼做就好。可是他的態度從何而來？很簡單，當年的老外來到香港，要管控到位，就要採取高壓手段，做事講效果。同時他們也要有軟性手段，爭取人心。軟硬兼施是步步高陞的先決條件，重點是如何分清楚。

　　沒想到，身為專員，還是不斷在學習。在觀塘分行，我待了兩年，與同事建立不少互相尊重的關係，歷久常新，有的多年後還有來往。

難忘的人和事

James，姓李，簡稱占士，中文名字反而失傳。
初見占士，他在觀塘分行擔任「篩銀」一職，不起眼
的工作，把各類輔幣用機器篩選成整數，裝進塑料
袋，等那些做小生意的客戶來換取。每天都要準備好
幾百袋，確是重要工作，如果缺貨，隨時引發騷亂。
他從不發火，安心做份內事。後來跟分行另一位同事
結婚，是難得之事，當時還要我作為主管簽字同意，
真是官僚。後來太太不幸染病去世，占士獨力養大孩
子，自己努力不懈，力爭上游，升級為分區經理，從
低做起，能夠出人頭地，並非偶然，完全是個人努力
成果。為人豁達，時有精警之言，值得深思。現居香
港，安享生活，值得佩服。

第 11 章

入行五年享受銀行福利，
調職會計管控遇神高管

　　入行滙豐一晃眼就五年，還了心願，用銀行員工貸款買了房子。這是銀行最慷慨的福利，貸款額度 20 萬，利息 2 厘。大家會問：20 萬能買甚麼房子？我覺得還不錯，在廣播道能有 700 平方呎，兩房一廳，夠用就好，不求其他。用來比較的話，同樣額度可以買太古城 650 平方呎，也是兩房一廳。這是香港置業的好時機，許多人都想在香港落地生根，所以買的人多過賣的人。樓市有股熱潮，那是 1977 年，香港正走出股市低谷，大家都假定未來幾年，市道會向上多過向下，能借錢買房是人上人。我們在滙豐享受這種福利，羨煞旁人。我也是這麼想：熬了多年，終於抬頭了。

　　就是那麼一點點滿足感，同時帶來一種憂慮，萬一沒工作怎麼辦？自己這五年學會的東西能讓我覺得自己很「安全」嗎？萬一要離開，或被銀行炒掉，能在其他銀行找到一官半職嗎？人家有員工貸款嗎？是不是 2% 利息？心想：

做人有得就有失，不能只是往好處想，心中要有準備，萬一出了事，要離開怎麼辦？開始盤算自己的「Quali」有多少。老實說，不是很高。根也不是很深，一拔就拔出來。看過好幾個大師兄，他們的工作都是跟客戶有關，有客戶關係比任何事情都重要，但是我總是泊不上這個「碼頭」，在岸邊浮沉，沒有安全感。

我在銀行的口碑算不錯，但是離客戶的距離太遠，根基不扎實。心中總是希望下一站給我機會做貸款，跟客戶拉上關係。這時候，有些人像是知道「水暖的鴨子」，開始準備把自己的廠房向北遷移，因為他們聽說內地會有突變，門戶大開，歡迎港商北上。我希望有所調動之際，傳來兩個消息，一好一壞。好的是調職在即，不好的是回總行「會計管控」，並不是跟客戶有甚麼關係。頗為失望，但是理解銀行的調派不容置喙，只好走馬上任。

這個部門中文名字是英文直接翻譯。「會計管控」讓人以為是算賬的，其實是「進賬管控」。因為銀行時時刻刻都有金錢進出戶口，用會計術語是「借」跟「貸」，一進一出不得有錯。各類戶口包括客戶的戶口，還有銀行自身的戶口，借與貸兩邊要相等，這就是管控的基本功。這時

候，每張票據都要打進銀行的電腦系統，打進之前有好幾樣工作，例如每張票據必須要「上磁」，上磁後電腦才能「閱讀」這筆錢要進出哪個戶口，數目多大？上磁過程不複雜，但是要有人在上磁後核對數目，不讓手寫的數目跟上磁的數目不對，所以叫做管控。所有票據上磁後，讓電腦讀一次，就可以看到每個系統的總額，然後再核對各系統總額，得出全行當天的進出總額。所謂「會計」，就是進賬的意思。這個部門的開工時間可以想像，必然是前線員工下班之後，我們才能開動，一直把票據上磁，電腦讀過無誤，再核算總數，借貸平衡就算完成當天的進賬手續，一般在午夜十二點左右完工。自然上班時間在下午四點，中間休息一小時晚餐。

這部門是三班制，午夜十二時左右下班的叫夜班；之後就是早班，到清晨六、七點下班，換日班八點前上班，到下午四點下班。讓我解釋一下：早班負責把電腦部印出來的報表分派給各分行與其他相關部門，就是把報表分割，然後塞進個別的「鴿子洞」（一格格放報表用），全是勞力工作，體力不夠開通宵，很難吃得消。日班最輕鬆，主要工作是跟電腦部保持緊密聯繫，出了問題就跟緊上報管分行的老大，上報而已。我來到這部門，先是日班，因為

我們這部門的經理屬於「無尾飛舵」，經常神龍不見首尾，他說是要讓我獨當一面，算是考驗我的實力。過了幾個星期，以示他的誠意，把我的頭銜升為「二把手」，就是他的副手，幫他擋架的人物。這個舉措不是為我，而是為他自己而已。這種副手，不涉及升級，也不在銀行「關鍵人物」名單上，他可以說了算，實際是送給我一個不值錢的禮物。

不過也有好處，就是不用上夜班、早班，萬一有事找我就好，因為我還要漏夜通報上頭老大（不是部門老大），可是我覺得銀行事沒甚麼大不了，部門總有人才、鬼才能夠把事情擺平，這是滙豐的特點，人才總不缺，但是挖掘人才的能力不足。升級講機遇，但是也要學會「自告奮勇」，把頭伸出去，或許有好處，這是我過去五年的體會。

另外一個重要的體會是銀行核心的運營，電腦看似高不可攀，其實也就分硬件、軟件。道理很簡單，不用扮專家，但是也不要被人看成傻瓜。記得有趟做二把手出洋相，某天電腦出問題，打電話上報分行總管，他叫 Lyons，綽號「獅子」。他問我出啥事，我是例牌的回答：硬件有問題。以前這樣就可以掛電話，他不會多問。沒想到他問我哪塊硬件？我一時半刻無言以對，給他一個自以為很棒

的回答：最硬的那塊硬件。他沒說話，要我立即去找他解釋。這一下，可以說大難臨頭，硬着頭皮去見他。以為他一定會罵我一頓，最起碼會取笑一番。沒想到，他一言不發，把電腦部的硬件全寫在紙上，由這個轉到那一個，清清楚楚。不厭其煩，還解釋給我聽，每樣東西是幹甚麼的。然後笑笑叫我把那張紙拿走。我後來想想，這個綽號叫獅子的老大不錯。但是為甚麼這麼做？一般人都不喜歡老外，認為他們高不可攀，看不起我們本地人。但是獅子似乎對我不錯，起碼有點「愛心」，希望我學習，還是為我好的緣故才跟我解釋。我開始接觸到的銀行高管（他是 Accountant），跟我過去的觀感很不一樣，原來爬得上去總有道理。雖然我還是在銀行內部，沒機會跟客戶交往，但是我倒是覺得這工作讓我有不少收穫，原來電腦怎樣運作，起碼認識它的各種硬件。

難忘的人和事

Andrew Parker，此人有譯名，但是沒人記得，大概也有綽號，但也沒人記得。30 出頭就統掌千人單位，擔任後勤總管。但是此人喜歡四處找人聊天，經常玩神龍不見首尾，週末也不例外，總會飛去芭堤雅享受人生。我有幸進入這部門，跟他有近距離接觸。他有聰明才智，但是他的縮骨功厲害，把我提升成為他的「影子」，遮蓋他玩失蹤。這項調動卻影響我在銀行發展路線，我得以嶄露頭角也是因為我扮演他的影子。從他身上學會明智消費，一雙鞋子穿破才買第二雙，這樣才能剩錢去享樂人生。此人在新加坡落地生根，一直沒再遇上。偶爾想起他的縮骨功，玩失蹤的拿手戲，不禁莞爾。

Constance Wong，中文名字欠奉，我們私底下稱她為塞外嬌嬌女。塞外指我們部門跟分行沒有面對面接觸，如同身處塞外。嬌嬌女就不用解釋。她是 Supervisor，官階比見習低一級，但是脾氣大很多，經常說我們見習無用，在混飯吃。的確如此，我們所懂有限。電腦出問題，分行打電話來查詢，我們一般不接電話，不知如何回答。她膽子大，接過電話之後，總是說：阿 Sir，問你。我當然理解這招借刀殺

人，我一般回敬一招移船就磡：你問清楚對方有甚麼問題，解釋給我聽，我才回電。後來不打不相識，竟然跟我十分友好。退隱江湖後在大嶼山承包滙豐宿舍的清潔工作。

第 12 章

調派大行任經理，大刀闊斧新氣象

　　到了 1978 年，從「會計管控」被調派到銅鑼灣希慎道分行。這分行是押匯行，屬於「大行」，在香港島這邊，除了總行，還有四家分行有押匯業務。看來我能跑到希慎道分行當經理，難道暗地有上天保佑？或是有貴人相助，扶我一把？有押匯，對我來說，表面風光，暗地不爽，因為我沒好好學過，那個 Supervisor 是個葡籍人士，向來看不起本地專員。我的態度是兵來將擋，水來土掩，大家比高下，我不一定輸。

　　這分行輪到我做經理，不是因為我特別「醒目」，人家說有風水問題，要個命硬的人才頂得住。怎樣看我也是個命硬之人？我不懂，我也不想查根問底，既來之則安之。首先申請些微預算，把分行破爛不堪的傢俱、窗簾換過。燈泡加大火數，明亮通爽。大堂換上輕鬆愉快的音樂，客戶進門就覺得舒暢。我不懂風水，但是煥然一新總是好現象。有員工說我「敢做敢為」，有膽色，士氣明顯提升。這分行還有保險箱，共三層樓。在大行之中規模不算大，但

是樣樣齊，正是學習銀行業務好地方。以前有欠缺，現在補回，以後就沒有遺憾。

我準備走「親民」政策，一早就在門口迎接員工上班。早，你好。大家一開始嚇一跳，過去從來沒有經理這麼做，世界變！我可不管，我相信滙豐銀行要主動，從無到有，從有到好，有心就要做，不要被動。這些年，我發現主動總好過被動，事情才會發生。星期六半天，我會在附近小吃店買點心給上班的人嘗試，花點小錢，收買人心。這銀行沒人會說對與錯，自己認為對，就去做肯定沒錯。我相信歷史說得對，得人心，得天下。

沒想到，一上任，生意好得很，上門貸款買房的人排滿，他們好像看醫生，要掛號約我面談，比起以前兩碼事，自己覺得好威風。這時候正是改革開放初期，開廠的人往深圳跑，樓市開始暢旺，不少人上門做按揭貸款，整天排滿人，我連飯都沒時間吃，原來運氣好很重要，生意自己跑上門。銅鑼灣一個地方前後就有七家分行（今天只剩一家），正是反映銀行的發展計劃，要開 1000 家分行，口氣好大，但是自己也是這麼想，對香港來說，我們該買大，還是買小？我會買大，銀行也是買大，同聲同氣。我

覺得銀行開始在尋求年輕的專員，大概是覺得本地人開始崛起。商界如此，包玉剛、李嘉誠等人逐步冒出頭，我們銀行也應該跟着發力。突然間，我覺得來到滙豐沒走冤枉路，銀行轉數高，有機會就帶頭。上面決策人夠快，香港人的俗話：跑得快，好世界。最要緊，本地人開始抬頭，大行經理換上華人，而且工資不斷調整，買了房可以換大一點，以前七百呎，現在可以買超過一千呎的單位。正是一片好景，我說這話，當時沒有人會反對。

我覺得銀行對待員工不薄，以購房置業來說，不能說是行內最優惠，但是絕對不差。2厘貸款利息是最大賣點，別忘記在那個時候利息曾經漲到20%，還款期限一路延長到60年（不是笑話），才能維持原有的還款額。優待員工一定有原因，我猜想一定是有想法，而這個想法必然跟長期發展有關，希望留住員工，為將來共同打拼。同時出現的是分行擴充計劃，要增加三倍，一定要有本地員工來支持這項計劃。記得當年的聖誕晚會，有老外專員上台表演，外國叫「吟遊」，拿了結他自彈自唱，挖苦銀行高層瞎搞，說了個笑話，說滙豐銀行準備開第1000家分行，並不奇怪，但是奇怪的是剪綵嘉賓是位清潔阿姨「珍姐」，為何奇怪？因為滙豐其他阿姨都已經剪過綵，剩下她了。以後再

開，就要請 Boy 了。大家哈哈大笑，高層也在，也不介意下面有人在諷刺他們，還回敬一句：剪刀就不要買，一把就夠了，用完可以再用。很有意思，一方面說明銀行可以容納不同的意見，另一方面顯示它的節約精神，典型蘇格蘭人那種精打細算的心態。簡單來說：黑色幽默是一種技藝，在滙豐要學會。

在希慎道分行待了兩年，感悟甚多。一方面自己「長大了」，學會睜開眼睛開周邊的變化，對自己有甚麼影響。另一方面看到許多有錢人，都是居住在利園這一帶，他們的生活習慣讓人豔羨。我的職位讓認識某些有錢人，大多數是富二代，錢是上一輩人賺的，怎麼賺？就是從買房子而來。那麼買房子的錢從哪裏來？就是再上一輪買房、賣房而來，就像滾雪球，越滾越大。相反我們打工仔，沒有「第一桶金」就不要有太多的想法，在草地上是無法把球給滾大的。安分守己是金石良言，尤其在銀行經常看到花花綠綠的鈔票，不要有任何遐想，都是客戶的錢。等到發工資，打進戶口的錢才是自己的錢。不要沮喪，每個人在銀行打工都差不多，不可能賺大錢。當然多年後我後悔當年這麼說，的確有某些同事（極少數）沒多久離開銀行在外邊發展，所謂賺真錢，而發了達。印證「工字不出頭」這

句話，問題是自己要認識打工的局限，多勞多得，不要有他想。

1980 年，滙豐面對一些初期的自動化，開始裝置「自動取款機」，學名叫 ATM。以前不是沒有，有的是 Cash Dispenser，跟 ATM 同樣道理，方便客戶不在銀行內排隊取款。但是有三樣不同之處：第一，數額固定，每次兩百港幣；第二，每天只能取款一次；第三，以前有個信封把錢裝住，新機器沒有。總行先裝，同時邀請其他分行試裝。我聽到消息，立馬報名，成為第一代使用者。我知道，在滙豐要自己爭取，才能搶得先機，樣樣等，沒完沒了，就會排在後面。我的積極反應得到頂頭上司 Campbell 的賞識，賞識一般帶來不良效果，很容易被「踢出局」。為何？眼見不少庸碌之輩，喜歡留住庸碌之輩，對自己沒有威脅。這是一個大道理，能夠理解就好。

果然沒錯，沒過多久，人事部傳來消息，我已經被掛牌，等別人收納。離開這分行的確有不捨得的感覺，但是外面天空海闊，或許有更好機會。是不？

難忘的人和事

　　Corinna Ko，高月華，是我在希慎道的副經理，功能大於左右手，分行門面與內務她一手包辦，是滙豐銀行當年成功的基因：能幹、爽快、勤奮，和藹兼而有之。對我來說，有她在，我大可放心。正如我的前任葡籍布特羅，整個下午就會待在現金房，收集值錢的舊鈔，其他事與他無關。這分行在銅鑼灣核心地帶，業務很忙，客戶如潮湧，高小姐（我們的尊稱）不慌不忙，兵來將擋，應付自如。沒多久，中國開始改革開放，滙豐一馬當先，加大力度開發中國業務。我決定割愛，把高小姐送去中國業務，後調任廣州。她是上海人，精通普通話，腦子靈活，是中國業務先鋒部隊，深得民心，令我敬佩。

第 13 章

轉眼已是七年職，革新職務驟然降

　　一晃眼來到 1980 年，正好進滙豐七年。記得當年我問過自己，面對七年之癢，可有想過離開滙豐到外邊闖世界？老實說，有想過。但是已經被員工貸款綁住，已經「有瓦遮頭」，而且利息只是 2%，哪裏去找同等待遇？加上銀行待我不薄，七年已經是大行經理，算是看得起自己，跳槽不一定有這樣的待遇。同事間相處和睦，甚少有爭執。老外上司一般跟我們保持距離，有的明顯是尸位素餐，不管人也不管事，很少指着我們鼻子罵人。還有，滙豐糧期準，每年工資調整跟着通脹跑。最要緊的是滙豐這個招牌響噹噹，拿出滙豐名片，別人總會給點面子。我實在找不出甚麼理由要跳槽，同時也發現自己根本沒有所謂七年之癢。

　　這時候，時局悄悄在變，華資收購外資帶來憧憬，深圳開放引發北上新潮流，房地產應聲上漲，香港正是鴻運當頭。我想，七年前及時跳上滙豐這條船，可真是碰上好時機，關照自己趕緊加快腳步，或許路上還有更多良辰美

景，不容錯過。這一年的夏天，忍不住去北京旅行，打算看看祖國的風光，長城、故宮、天安門都是遊覽的目標。沒想到回到酒店有人留下信息，要我回港後立馬去見他，這人叫施德論，我可不認識，但是掩不住內心的忐忑。幹甚麼找我？過去很少有老外直接找我，一般是人事部通知我何去何從而已。

回港後，應邀去找此人。原來他是科技部老總，銜頭是副總經理，這時候已經不用 Accountant 這種名銜，所以不知道這人有多高級，但是副總經理也不像是一般人，可以想像這時候的我的確有如十五隻吊桶，七上八下。這人很直接，說要給我一個項目，他說他查過電腦紀錄，我曾經在大學讀過工廠管理（他說我是唯一一個），所以最合適這份差事。為甚麼是我呢？這是第一個問題，但是他已經說出原因，雖然沒讓我心悅誠服。那要我幹甚麼呢？他拿出紙筆，像以前那位綽號叫「獅子」那位，不厭其煩畫了圖，從這裏到那裏，是個路線圖。其實我當時絕對無心裝載他說過甚麼，我在想我怎麼脫身，這地方不宜久留。直到他說，已經幫我訂票，儘快要去英國及義大利參觀別人的操作，引入香港，他補充一句：對日後的分行有革命性變化，非常重要。也沒多說，他就揮手示意我離開，我想

他大概怕我推辭，我一離開就算是「認賬」，所以儘快趕我走。

我算醒目，馬上飛奔人事部要求澄清。人事部的答覆很簡單，要我交出身份證明書（當年的 Certificate of Identity，沒護照的人所用的旅遊證件），馬上要辦簽證。哇，說明事情早已拍板，我還能說甚麼？逆來順受是唯一的選擇。把他給我的路線圖仔細看看，還是不太懂。但是唯一理解的是他想把印刷支票的工作回收自己手上，而且是用電腦操作，不再用外面的印刷公司幫我們打印。那有甚麼好處？當然是節省成本，而且節省地方。以往我們把客戶的支票印好備用，全存放在分行的文件櫃，等待客戶有需要來取。等於說，不少地方變為「貨倉」，成為廢置空間。的確有道理，但是找我豈不是「問道於盲」？我可不懂這種講技術的項目。他的預算是一年內搞定，所以很急。我的最後憂慮是在倫敦的印刷廠及義大利米蘭的切割廠，看過人家的操作心中有個譜，心想我可以照辦煮碗，就放下心頭大石了。

沒想到，進滙豐七年跌跌撞撞，日子還算不錯。雖然沒有甚麼江湖地位，也憑着「膽大心細」沒讓別人低估。一

下子銀行來個大轉彎，跑到科技部搞項目。這位姓施的科技老大的確是有話直說，説幹就幹，跟以前遇上的老外不一樣。這時候，逐漸發現滙豐銀行的上層的確不同凡響。以前遇上的大多數是「數手指過日子」的「南郭先生」，讓我有錯覺，不知道上面有高手。另外一位高手叫韋德，已經下令打消大力開拓分行的計劃，現有多少就多少，不再增加。這個指令跟施德論的項目有關聯，就是要增加分行可用面積。我算運氣好，把一個銅板兩邊都看過，就理解內裏乾坤。

香港這時候依然沿用「殖民地」這個不太好的名稱，尤其港英政府很明顯，常用殖民地這三個字。我們一般人很少理會，也沒人研究甚麼是殖民地？甚麼是殖民主義？大家開心過日子就很好。也有人説滙豐帶有殖民主義色彩，我不覺得有人會查根問底，到底何所指？滙豐高層的確是外籍人士「壟斷」，但是已經開始有本地華人在中高層出現，爬到高層是時間問題。滙豐對本地員工算是不錯，我不覺得有「歧視」行為，也給機會本地員工往上游，參與長期發展的計劃。説是殖民，不如説是「培植」更為恰當。這時候是 1980 年，銀行準備要重建總行大樓，打算興建一棟新大樓，成為地標，以示長期發展的決心。這算不算殖

民？我覺得不是。不過我不想爭論，能夠有發展是我最關心的事情。

我是佩服施老大的勇氣，大膽用我做這個頗為重要的項目，不管怎樣都是一種風險。這是當年滙豐給我的觀感：敢作敢當。相信其他銀行不會有這種視野與魄力，我能踏入這個改革創新的圈子，是運氣使然。不過這個急轉彎改變了我此後的銀行生涯，再也回不了頭。

難忘的人和事

Clint Marshall，中文譯名就叫馬素。未發跡前綽號叫「騎師」，一半尊稱，因為在香港能夠作為騎師絕不簡單，是有頭有臉，家底厚的代名詞。有人説他家在 Sussex 有農莊、古堡，在香港打工是覺得好玩。另一半是貶義，説他身材矮小，週六必穿緊身白褲，像騎師。在滙豐的國際專員，行事活躍的話就伴隨各種傳言，褒貶參半。此人腦子非常靈活，本事在出奇制勝，踩紅線也不怕。平時為人愛恨分明，他説自己像一把傘，愛你就為你遮風擋雨，恨你就用傘來打你。但是滙豐還是看重他的才智，一路升級，貴為二把手。最終由於性格使然，踩雷告終，退隱英國，不再露面。想起當年種種，不禁問君可好？

第 14 章

舊總行拆卸在即，舊餐廳奇遇難忘

　　1980 年施老大給我的項目，要我開設一家印刷支票簿的工廠，還要電腦化操作。給我八千萬港元「施工費」，加上六個人（都是中學剛畢業入行的年輕人），期限 12 個月，不得有誤。這項目是我入行七年來最具挑戰性的工作，開始的時候，可以用最簡單的形容詞來形容我的狀態：六神無主。過了一個月，就變為「盲頭蒼蠅」，亂衝亂撞。再過一個月，心態轉變為「自把自為」，大不了死就死。再過一個月，自己發現每樣事情（包括危機與災難）都有原因，只要探出源頭，想方設法不走死路，前路就是活路，也可以說是直路。

　　這一年來需要按時向施老大彙報進度。他很忙，我每兩週一次彙報，最多 20 分鐘。一般是我講他聽，他問我答，他不問我就走。奇怪嗎？怎麼沒有我問他這環節？因為我問也沒用，他總是說：你負責，你自己看着辦。彙報完畢後，很多時候我仍是一頭霧水，不知如何走下去，即使想問他，但是我知道沒結果，我要自己想辦法。那時候

的我，年少氣盛，不服輸的心態就會湧上來，決心要自己解決好。後來逐漸理解：要問路的時候，總是因為走在十字路口，不知道該一直向前，還是要轉左或轉右？這不外乎三條路而已，用排除法去掉兩條，就是答案。問題是要去掉哪兩條？要靠觀察、衡量、經驗，再做出一個自己認為風險可控的決定。要問上司，就是把決定甩給上司，避免自己背責任。施老大特意要我自己做決定，有隱藏的意義。進滙豐這些年，我剛開始接受真正的考驗。

這項目最終順利完成，值得一提的是，恆生銀行也想「搭順風車」，要滙豐幫忙在附近大樓建工廠，正所謂「照辦煮碗」，難度不高，我這時候儼然一名專家，瞻前顧後，不消多久就搞定。恆生的態度經常是「行騎樓底還要帶鋼盔」，或許這是他們的企業文化，不敢多加評論，把事情做好是我的責任，其他一於少理。

沒多久，舊大樓面對拆卸工程，心中有不捨得之情。原因是它的古典味所散發出來的雄偉實在無與倫比。在大堂樓頂的莫塞克圖案，讓人想起歐洲大陸那些大教堂，莊重肅穆，難以言表。在大堂的大理石柱子，足足三層樓高，配上黑色的大理石櫃台，誰進來都有畏懼之情，不敢

大聲講話。地板也是大理石，給人穩重、優雅的感覺，心
中必然在想：這銀行真不比一般。大堂是兩邊都可以進，
德輔道中可以，皇后大道中也可以，進門之前要踏幾步石
階，看到黑色的銅門在兩旁，自然有敬畏之心。大堂邊上
有梯級可上閣樓，閣樓不是一般人隨意可去的地方，一般
是高層辦公室，其中一間留給「總會計師」，他是貸款部的
老大。我故意譯為會計師，其實是指他身為銀行貸款的總
負責人，差不多是一人之下，萬人之上。那個在他之上的
人，正是當時董事長沈弼。沈弼的辦公室不在閣樓，他有
部私人專用電梯可以直達他在一樓的辦公室，別人不敢用
這部電梯，否則面斥不雅。

　　誰可以用，誰不可以用，在舊滙豐大樓有不少的規
定。記得在大堂旁邊有三間廁所，三個門口成為「品」字排
列。中間那個最大，是員工通用的。這裏有一個特色：廁
所裏面經常有信差坐在地上鋪了報紙玩牌，對廁所的味道
完全沒感覺，可以說是「蛇竇」。旁邊兩個廁所內有乾坤，
一個是「阿 Sir」用的，也就是留給專員的，沒有鎖。另一
個是「大 Sir」用的，有鎖。給阿 Sir 的稍微乾淨一點並無
特別。給大 Sir 用的就非同小可，有私人抹手巾，巾上有
英文名字的縮寫，掛在牆上，頗有氣派。我感到好奇，曾

經向負責大堂的專員借鑰匙，專員叫 Gordon Leung（早已過身，英年早逝很可惜）。他關照過我好幾次，用完快快離開，看到「鬼」不要講話，「速速離開」是他的建議。沒想到，我那天倒霉，洗完手就看見一位老外進來，看見我明顯不快，很急速的話語問我：「名字與階級。」英文則是「Name and Rank」。我反應很快，馬上回覆我的名字，然後加上級別：Year Zero。他沒反應，揮揮手就不再說話。後來知道，這位大班叫 Turner。後來也一直沒跟過他，好多年後等到他退休，在歡送酒會上再遇上他，真巧也是在廁所裏，我跟他說起這件往事，他當然不記得，不過他補了一句：看來對你有很大鼓勵，你才有今天的成就。這是老外的幽默，在滙豐很普遍。

講到滙豐舊大樓，不能不提七樓餐廳。能夠到七樓進餐絕對是身份象徵，英文叫 Officer's Mess。在電梯按七樓，就足以傲視同輩。第一次來到七樓，總會被它的古典味嚇倒，那些維多利亞時代的大梳化，牆上掛着的人像油畫，每幅都可以在拍賣行拍出高價的那種。進入飯桌前，一般是四人方桌，也有六人，也有地方一看就是酒吧。飯前喝一杯是傳統，可以不喝，但是別人會覺得此人古怪，即使沒有直言此人沒文化。喝一杯的習慣一直保留，當然

在下班後更是熱鬧，隨時兩三杯下肚才回家。七樓餐廳的
選擇不多，每天一款。週一是海鮮，還經常有撻沙魚；週
二、三是肉類，雞、牛、羊不拘；週四是遠近馳名的咖
喱，以大蝦最享負盛名，隨便要多少，新鮮爽口；週五是
中式美食，咕嚕肉、宮保雞丁等。我來到這裏，學會兩樣
東西：一是啤酒，來一杯以示自己的成熟感；二是飯後芝
士，放在木盤子上任選，有人說臭，我倒不覺得，味道
越濃越好。這習慣至今未改，可惜芝士價格越來越貴，
開始捨不得吃。午餐分三輪：第一輪是 11:15，第二輪是
12:15，第三輪是 13:15。根據個人級別排序，自己覺得應
該哪一輪，很有意思，一般不會錯。我的原則是越早越
好，所以總是在第一輪用餐，趕緊吃完就「早早鬆人」。記
得有位年輕老外叫 Ussher，綽號「阿水」，跟我差不多年
紀。他每次來到七樓，總會示範他的「節儉」。他找個適當
位置坐下，不會要求 Mess Boy（也叫 Boy，不過是在餐廳工
作而已）給他食物，他坐着聊天，看別人吃。等到別人吃
完正餐後（一般是中國人），他會很有禮貌問人：你吃芝士
嗎？一般中國人都不吃芝士，向他搖搖頭，這時他「如獲至
寶」，馬上吩咐 Mess Boy 把芝士木盤拿過來，他會很客氣
說：我吃這位同事的芝士，他不要，我幫他。更絕的是他
還會加一句：我要他第二杯咖啡。由於一般中國人怕火氣

大，不喝第二杯咖啡，而且加一杯不收錢，所以他要人家的第二杯，享受免費待遇。

我不敢瞎說，說他承襲滙豐銀行那幫蘇格蘭人的節儉精神，但是這種「能省就省」的精神是舊滙豐的文化根基，值得學習。像這人分享別人那份午餐，拿出「無遠弗屆」的精神，毫無尷尬之情，讓我佩服。這也是讓我懷念昔日滙豐的原因之一。

難忘的人和事

Anthony Ussher，中文譯名已忘，但綽號一直被人記住，叫「阿水」。沒有特別意思，因為跟英文姓氏同音。在方法調研部小試牛刀，原來下筆如神，不是說曲都可以寫成直，而是修辭技巧令人佩服。所有難以開口的話，經他一番妙筆生花，字字珠璣。他不是牛津、劍橋畢業生，讓人感到即使不是名校生，一樣可以出高徒。他後來為新總行重建項目擔任文書一職，留下無數精彩篇章，留存在滙豐文庫。此人最精彩是他的節儉，在餐廳等待其他同事的剩餘物質來進餐，例如乳酪是套餐一部分，一般人不吃，他就會不客氣地幫你吃掉，也不會不好意思。他目前定居溫哥華，知道他在就好，否則打你主意就麻煩。

第 15 章

五十億建築世間罕有，室內設計重任迎面來

舊大樓在 1981 年開始拆卸，新大樓 1985 年竣工。前後四年，有幸我半途加入這偉大項目，得知不少其中趣事，頗多值得一記。首先要說明，這是世上少有的工程，耗資 50 億港元，名列前茅。這項目是由當時董事長沈弼拍板，委任施老大負責，聘用柯士打建築師負責設計，也因此而帶挈他一炮而紅。其餘建築、監工等工程都是由大牌公司負責，可以說人強馬壯，大家都想做一場好戲，流芳百世。銀行為了室內設計特意請了一位英國專家 Herring 來牽頭。誰知道此人來了不到三個月就打退堂鼓，回英國去了。空缺誰來補？當時時間非常緊迫，已有落後跡象。施老大面對這種情況，可以想像壓力很大。他二話不說，又把我推到浪尖，要我馬上接管室內設計，不過他這次倒沒有提到我學過工廠管理這門學科。這是舊滙豐精神，說幹就幹，有人夠膽拍板，就敲定。

跟施老大幹過一票印支票，我知道他的性格，他說幹，就要幹下去，而且還不准問清楚，樣樣自己摸索。老

實說，我是忐忑不安的，這是 50 億的項目，而且每落後一天，銀行就要虧損200萬元。但是我也知道銀行的老規矩：有大食大，出事老大扛最大的責任，我們是薯仔，死不了，最多沒面子而已。可以想像，在其他專家團隊面前，我算老幾，要負責內部設計，誰可以放心讓我去搞，人前人後我聽到對我的評價都是一個問號：搞得掂嗎？其實我也不知道，我的底線很簡單，不要背黑鍋，被人炒魷魚，那就划不來，要在別家銀行重新來過，何必呢。我也把內部設計的原理研究一番，到底是甚麼玩意？原來是室內「擺設」而已，就是誰坐在哪裏，要根據工作流程來安排。擺設要看流程，看流程要懂業務，道理很簡單，不難克服。但是難在頂爺的指令：第一，人均面積要縮水；第二，高層把景觀留給底層員工。試想：有誰願意接受這樣安排呢？可以想像，沒有自願，只有強制。強制肯定沒有愉快的結局。

我知道有強勢領導，但是有強勢不等於可以強制。對我來說，這是內部設計最大的隱憂，要我去打仗，等於是狐假虎威，但是我不能時刻把老虎抬出來嚇唬人，該怎麼辦呢？給我三個專員負責前期擺設，不難。但是一到部門領導，矛盾就出現。地方要大一點，要靠窗有景觀才行。

我給的答案很簡單：不行。但是怎樣用好言好語來說服對方，不可能。就算出動高壓得逞，結果可以想像：我記住你，以後再給我碰上，就要你好看。這時候是我第一次準備好「辭職信」，準備好另覓發展。這項目給我的時間不多，大樓一共 34 層樓，每層平均一萬平方呎，每層樓預算兩週內完成擺設，共 68 個星期，一年多一點而已。這項目沒有「萬一」，兩週不能完成，就跳過不做設計。如果有任何部門抗拒不從我們的設計，也要跳過。這規矩有如「軍令如山」，我手持尚方寶劍，扮黑臉。老實說，這不是我的性格，「縮水」的安排確實討人厭，留下不少牙齒印，以後就知道人家怎麼收拾我。話雖如此，在以後的日子倒沒有遇上甚麼大波折，大概是「不打不相識」的關係，我因此而建立不少關係，蠻有用。這也看得出滙豐銀行的文化，第一，講服從；第二，講道理。老外一般公私分明，不會把公事搞到私人層面。不過這是以前的感覺，今天如何？我不敢說，因為已沒有直接接觸。

總行重建項目讓我眼界大開，學會不少跟銀行工作無關的事務，比如說燈光效果，桌椅設計，音響控制，空調設備等等，既有趣，也實用。簡單來說，是有錢也買不到這種學問。也讓我看出一個道理，學無止境，或許說做到

老學到老。是不是跟自己升遷有關係？別太計較。我相信
銀行高層有賬本，欠誰多少？甚麼時候還他？都有默契。
滙豐英國人對於公平這兩個字蠻在意，不會貪人便宜，也
不會讓人佔他便宜，就好像在吧台上，你喝人家一杯，就
要回敬一杯。不會有人來酒吧騙酒喝，大家規規矩矩。還
有，在酒吧不能悶聲不響，光聽別人講笑話，這人說一個
笑話，你也要來一個。如果在酒吧待久的話，起碼要有
三、四個笑話，這就是老外的文化，流傳在滙豐，就成了
滙豐的文化，像我不是老外，也逐漸沾染這種公平交易的
文化。

總行重建工作如期完成，銀行邀請英女王來剪綵，公
關活動達到最高潮。沈弼說過，這大樓象徵新的 50 年開
始，也表示滙豐準備在香港跨越 97，大家可以放心，這信
息在那個時候太重要。我看到新大樓所用的材料，就肯定
這一點，的確是為了過渡未來 50 年。比如說，我負責的桌
椅，千挑萬選，都是頂尖的材料，絕對歷久不衰。不信的
話，今天去滙豐總行看看，跟新買的一樣，毫無折舊。另
外應該去參觀三樓、五樓的櫃台，全黑色的大理石，從義
大利採購而來，是絕版貨色，不少外國學建築的人馬都要
過來參觀，讚嘆不已。還有許多新的概念融入大樓，三天

三夜講不完。

　　對不少專員來説，新大樓的確有吸引力，其中一樣讓人特別關注的，就是酒吧，設在 28 樓，而且從自動電梯上看一目了然，誰在？誰不在？想湊熱鬧，走過去就是，而且比以前大很多，本地人也開始喜歡到酒吧喝兩杯，下班後八卦一番也是一種情趣。酒吧文化是滙豐不可缺的精神食糧，聊聊天就可以把各種工作上的恩怨一掃而空，不再放在心上。我很喜歡這種氛圍，連我後來在上海做總裁，也不忘設置酒吧，依樣畫葫蘆，本地同事也非常喜歡滙豐這種傳統的風格。

難忘的人和事

　　John Strickland，中譯施德論，很好的譯名。綽號「阿直」，一來描述他為人正直，直言不諱，直腸直肚，直斥其非等等，一字既之「直」。二來是他英文名字讀起來，像是直的英文一樣，生出來就直。他在滙豐採取科技興國的理念，多番改革來應對滙豐銀行快速發展。但是他秉承滙豐傳統，節約成本是大前提，絕不浪費。我在不同崗位上領教過他的處事作風，為了指出錯誤，他會罵你，但不怪你，要你自己糾正。後來貴為亞太地區董事長，態度依然，提升科技不遺餘力。他為人正直，天圓地方，讓人敬佩。他雖已從銀行退休，但他公職依然一大把，不忘為香港出力。

第 16 章

完成重任接掌新界區，高層妙着發展迎九七

．

　　1986 年，該搬進新大樓的部門都搬進去了。搬運工程由一位名叫 Buyers 的資深老外負責，此人剛從黎巴嫩調回來。大概在戰地工作過一段時間，性格跟一般人不一樣，很容易上火。銀行很體恤他的處境，叫我多待一會，幫他一把。我理解情況，也很同情他，在那種砲火連天的地方待過三、四年，性情大變可以原諒。平時我就讓他閒着，繁瑣的事情我就接過來。他在旁邊說說他在那邊遇上戰火紛飛的情況，我覺得也是一種學習，以前無法想像炸彈就在分行門口爆炸，自己是怎樣的心情。看見他的手經常在抖，就知道他在中東的日子不好過。

　　全部搬完之後，我倆各自有去路。我被調去新界做區經理，統管四個小區，合共 43 家分行，規模都是中小型。他繼續在總行「遊蕩」一番，之後就去了澳洲，大概是退休了，從此沒再見過面。我到新界可能是一種「補償」，因為我搞總行重建，「荒廢」了兩年時間，銀行讓我跑快一點，調到新界接觸香港最新的發展。屈指一算，我已經踏

入第二個「七年之癢」。過去的日子，一時科技項目，一時銀行本業，來來去去走彎路，有可能落後同期的同袍，讓我到新界做區經理，連升兩級，補回損失。這時的新界進入政府「大力開發」的階段，新房子很多，不少人搬到新界居住，做按揭特別好生意。我的上任姓鍾，在新界足足 20 年，年紀正好比我大 12 年，同月同日生，有點巧。(後來這位鍾 Sir 在多倫多過世)

做業務我力有未逮，但是管人管事我已經上手。或許銀行有意讓我在新界先搞按揭貸款，容易一點，商業貸款下一步再說。如果銀行真的是這樣安排，我覺得待我不薄，很體諒，也很周全。這時候的銀行，跟香港一樣，都是在顫抖中，好似大變動馬上要發生那樣。說實話，不是身體的顫抖，而是心靈的顫抖。由於英國首相戴卓爾夫人談判不得要領，香港將會如期回歸祖國。有些人心中不安，準備移民。但是也有人準備留在香港趁機大展身手，走與不走產生心理上的碰撞，所以我稱之為顫抖。等於說，有人看 97 為危機，但是也有人視之為機遇。不管怎樣，新界的按揭貸款直線上升，對我來說是機遇，銀行又讓我碰上一個機遇。過去的日子不平淡，香港大環境、滙豐小環境總是有變動，我算運氣好，每次遇上的都是機

遇。我剛過第二個「七年之癢」，心中沒有雜念，希望繼續在滙豐發展。

銀行其中一樣變動就是大力推動本地化，區經理這種位置不斷留給我們，97 即將到來，我覺得未來十年機遇更多。這時候傳出消息，銀行要開動「外派計劃」，把某些人馬送去外國受訓。有興趣的話，還可以在這段時間個別申請外國護照，大概是讓人覺得安心，繼續為銀行賣力，一同跨越 97。銀行上層全是老外，但是他們的想法非常本地化，很清楚我們在想甚麼。其實 97 是件大事，幾乎每個人都在想，去還是留，最重要還是看滙豐銀行的態度，如果銀行態度冷淡，那就去的人多。如果銀行留有後手，那就留的人多。現在銀行來一招，去完再留，兩全其美，的確是高招。這一招，其他銀行辦不到。

記得我在新界做區經理之際，大老闆叫杜比，就告訴我銀行對我有安排，準備派我去溫哥華受訓，加一句：快去快回，這邊還有安排等着。基本上沒有給我推搪的理由，我在想：這是一個紅蘿蔔，難以推卻。但是跟紅蘿蔔一起的大棒是甚麼？要有平衡的評估才能做出正確的選擇。我當時的猜測是：沒有大棒，但是必然有不少具備挑

戰性的工作等着我們外派回來接過手。如果屬實，不害怕，因為過去的日子都是扛着重擔，一步一步走過來。有趣的是上面的吩咐：快去快回。甚麼事如此急迫呢？

大概是因為我做過總行重建工作，認識不少高層人士。在這個時候，我知道我要多打聽到底銀行的葫蘆裏面賣甚麼藥？第一，是不是銀行要撤退，等香港的華人接手？看來不像。第二，是不是讓本地華人可以上位，與現有外籍高層平起平坐，共創高峰。我誠心希望是後者，那麼到海外培訓就是絕對的好事。我向某些外籍同事打聽的結果，大家都很正面，外派不是壞事。反而，他們認為是好事，起碼可以開拓視野，為銀行進一步國際化鋪墊。我同時聽到，銀行已經在加拿大全資購入一家本地銀行，叫英屬哥倫比亞銀行，在加拿大排名第六，準備在加拿大把香港新移民全部「一網打盡」，所謂肥水不流別人田的道理。滙豐銀行這一招夠辣，派我們過去就是讓我們做「漁夫」，打魚去也，的確是一箭雙鵰，銀行的高手設計果然不同凡響。

這時候的銀行高手有誰呢？前任董事長沈弼已經退休，換上浦偉士。香港老大是雷興悟，沒多久退休，換上

施偉富。零售老大是杜比,以前是外匯老大。他們做事各有風格,但是栽培本地專員不遺餘力,確實為銀行平穩過渡 97 做準備。他們都比較親民,不像以前的老大神龍不見首尾,很難見得上。他們多少採取親民路線,但是工作上依然保持威嚴,讓人敬畏。這時候,我開始理解,銀行的發展不完全是靠硬件,其實就是上層的高管如何為人處事,怎樣做下屬的榜樣,同心合力打造銀行文化,把它發揚光大。最終讓員工得益,讓客戶滿足,讓股東獲利。

難忘的人和事

　　Gerry Dobby，中文叫杜比，跟英語同音。此人
身材挺拔，不苟言笑，一看他就知英國紳士是如何樣
子。我第一次看見他是 1978 年，在聖誕午餐之後，
在舊總行二樓長廊看見他走過來。我這邊兩人，喝過
酒搖搖晃晃，佔據走廊大半，他過不了。他停下問我
們名字。我先說，我叫 Frances，其實是旁邊那位的
名字，有意開玩笑。旁邊那位真的 Frances，一時不
知如何應對，也報上自己也是 Frances。杜比只有
一句回應：真的回去，假的留下。轉身就走了。後
來我壯了膽去見他，想道歉。他說：Good to have
guts，把我趕走。多年後，他變成我的頂頭上司，看
到我總叫我 Frances，把我看成長不大的孩子，如今
在港退休。

第 17 章

海外培訓獲益匪淺，滙豐積極拓展北美

　　1987 年，踏上飛往溫哥華的旅途，展開為期三年的海外培訓。我是銀行這一輪安排的第三個所謂「外派員」。第一個姓龍，本來被派三藩市，後來有阻滯，才北上溫哥華。第二個叫 Marie，是人事部的，先到溫哥華，後來外借給另一家在卡吉利的石油公司。我之後還有好幾個，不過就調派到多倫多。大家可能感覺到，我們並非真的過來受訓，因為加拿大銀行業務不比香港先進，沒甚麼可學。我們過來有兩個潛在目的：第一，當時滙豐銀行收購了當地一家本地銀行，叫「英屬哥倫比亞銀行」，英文叫 Bank of British Columbia。先解釋一下，英屬哥倫比亞是加拿大十三個省之一，最接近太平洋，而且華人不少。第二，銀行希望我們外派過來擴大視野，學習外國文化，不要長期蝸居香港，久而久之變為井底蛙。不管怎樣，我是欣然接受這個安排。但是我也感受到某些在港同事那種「酸葡萄」的味道，能夠出國「深造」三年，並非輕易可得，有人感到不爽是可以理解。

　　最初來到溫哥華，真是「蒙太奇」，很多事情不清楚，

幸好有位舊同事 Kenneth，比我先到，很自然變為我的「盲公竹」，為我指點迷津。可以想像，衣食住行樣樣都陌生，有人提點絕對是好事。我的職務是負責私人銀行業務，不久就發現有誤區：第一，溫哥華雖然山明水秀，但是有錢人不比香港多，就算有也不會把錢放在滙豐這家「新銀行」。香港過來的新移民不是沒有，但是有錢人不多，一般人手上有十多萬加元已算了不起。而且移民來到加拿大，自然不想把錢放在滙豐，一定會考慮加拿大本地銀行，可以預期我的生意難做。

工作上也有難度，因為滙豐是當地的新老闆，面對的老員工自然對滙豐有保留，兩邊的人不容易融合。而且加拿大人比較小氣，很多時候斤斤計較，怕吃虧。來之前，我們已經得到密令，要我們忍讓，和平相處最重要。說到小氣，我並非誇張，我的職務需要有名銜，他們只願意把我定格為「經理」，在香港沒問題。經理這名銜在加拿大就有點弱勢，因為上面還有好幾層：高級經理、助理副總裁、高級助理副總裁、行政副總裁、高級行政副總裁，才到總裁。「經理」在此等於是「薯仔」一個。我可不在意，但是客戶會覺得我是小人物，不願跟我談生意。這種打壓外來的人馬，其實四處都有，不足為奇。但是反過來，在

101

香港就沒有這種帶有歧視的態度，大概我們長久以來都是活在國際都會，見慣外邊來的人，見怪不怪。滙豐總行還是頗大方，吩咐我們不要給人不良印象，樣樣容忍為要。

在三年培訓中，滙豐銀行對我們的待遇很小心處理，不給本地人任何理由說銀行不妥之處。我親身體驗減薪，甚至扣薪的安排，要等回港才發放暫扣的款項，可以想像當時降薪的困境。我理解滙豐高層那種容人之量，但是要準確把握那個尺度，就不容易。這時候的滙豐正開始較大規模的海外收購計劃，加拿大是個很好的選擇，英屬哥倫比亞銀行不大，也不小，在加拿大排名第六，在.五大之後。在溫哥華有四、五十家分行，盈利不錯，也沒有壞賬，在本地市場算是有點名氣。有些冗員需要清理，但是去蕪求菁也是無可避免的舉措。

或許我要說明一下，1987 年對溫哥華來說有點特別。因為溫哥華在 1986 年舉辦兩年一度的世界博覽會，國際媒體認為是歷來最成功的博覽會，參觀人數最多，人均消費最高，而且每天都是天朗氣清，參觀民眾非常滿意。有不少香港人來到溫哥華，就被這裏的明媚風光、暢順交通、純樸生活、中西美食打動。最重要的是移民政策大為開

放，用積分計算申請人資格，達標不難。許多香港人因此決定放棄香港，移民加拿大，在 1987 年之後陸續抵埗，開始新生活。滙豐銀行購買本地銀行不完全跟移民有直接關係，但是時機掌握很好，開闢海外發展新路線。回頭看，收購加拿大銀行可以說是滙豐幾十年來最成功的擴充計劃。以後的收購有不少挫折，那是後來的事。

我在溫哥華不足三年，兩年多就接到指令要回香港，有新的任務。我有點不捨得溫哥華這地方，簡直是人間天堂，自由自在，生活舒適，找不到任何不妥之處。唯一不妥的是工作不多，香港來的人找不到工作，只能做「息魔」，就是吃銀行利息，在商場逛日子（商場英文叫 Mall，跟魔同音）。我們外派人員有銀行照顧，來到溫哥華工作、生活，簡直是完美。這個外派安排，後來持續了幾年，前後有二、三十人來過加拿大，可以算是銀行的德政。

這時候，香港換了老大，叫施偉富。聽說有意改革滙豐銀行的服務方針，不再以快取勝，相反，可以改善服務，靠優良服務來爭取客戶支持，在香港再創高峰。我在想，要我提前回香港，莫非跟銀行改革有關？過去我看到銀行改革，總會給我一份差事。這回應該不例外吧。

難忘的人和事

　　Martin Glynn，不記得他的中文名字，只記得他的綽號叫「餅叔」，意思指他喜歡「整餅」，就是沒事搞事那種。第一次見他是 1987 年在溫哥華總行，他是分行經理。當天他手上有百多封信在分派給同事，告知他們已被辭退。當時滙豐收購一家本地銀行，炒人魷魚很正常，難怪他一直笑瞇瞇。此人在收購前是滙豐分行經理，收購後升官，是典型加拿大作風，閒事少理，他連大事也少理。但是嘴巴很油，總有理由。跟我們幾個香港外派員保持距離，互不相干。這種自保態度，讓他扶搖直上，後來成為滙豐在北美的老大。到見真章時，力有不足，終告退休收場。當衝突發生時，才能見高下。

第 18 章

銀行決心改革服務，在外回港傳授心得

　　1990 年年頭，我回到香港。果然不出所料，有項目給我。這個大項目看來大手筆，請了美國專家來策劃，有一大批人馬做訪談，研究項目應該怎樣進行。其實這項目就是外國盛行的「流程再造」，把流程拆開研究，精簡之後重新拼攏，打造「以客為尊」的新流程。這次聘用專家是史無前例，因為滙豐一直不信外人來研究自己的問題。大概內部沒有人可以扛起責任，只好借用外力。要我提前回港，必然是想到我這人「好使好用」，做流程項目最合適。不過這次銀行對我比較公道，要我付出，就不會沒有收穫。收穫還蠻大的，為何？職位名叫分行高級經理。記得我做見習的時候，銀行運營的老大就是經理級別，這次真是太抬舉我，讓我管分行。不過管分行是檯面上的名稱，檯面下的工作要我執行銀行這次的改革。另一個收穫是自己的「官階」提升兩級，是一位高級經理，全行不外乎五、六個而已，我心中自然高興，對自己說：18 年後果然是一條好漢，因為剛巧入職 18 年。

高級經理管分行責任重大，這時候大大小小一共有 275 家分行，分為 10 個區，各有區經理管理。我去加拿大之前就是新界地區的區經理，統管 43 家分行。現在是「大小通吃」一把抓，明顯有難度。檯面下的工作更難，分三樣：第一，分行裝修，把招待客戶的地方擴大與美化。第二，把後勤工作收歸中央處理，以便擴大面積給客戶使用。後勤工作中央處理可以節省人力，而且加快處理的效率。第三，把貸款部門抽走，另外找地方安置。分行剩下的就是客戶服務，留在分行的人馬專注個人業務，以客為尊的理念從此而起。這個項目已經有人專責處理，不用我捲起袖子親自動手。我的工作是要傳遞正能量，修正分行的服務態度，按照銀行最高目標：成為香港最受推崇銀行（英文叫 Most Preferred Bank）。看到銀行的決心，加上花費鉅額的投入，大家非常振奮，滙豐一直像隻睡着的獅子，現在醒了，準備怒吼了。對於這個變革，員工、客戶都有新的展望，覺得滙豐銀行會給香港帶來新景象。

　　把我從溫哥華「急 Call」回香港，出任分行一把手，不是看中我分行經驗豐富，而是想我做「樣板」，英文叫 Figure Head。或許是借助我在海外經驗，跟外國來的專家能有順暢、和睦的交流，讓項目得以圓滿完成。不管怎

樣，我的回歸在銀行內部製造了一些「不平衡」的迴響，首先為甚麼是我，難道沒有其他人嗎？其次我已經外派了，得到「好處」，回來還要升級，豈不是雙重得益，這不太公平吧。還有其他我就不多講了。雖然我不介意，但是心中始終有個疙瘩，而且無法解釋這安排跟我個人沒關係，好像吃了一記悶棍。讓某些人覺得不爽的還有一件事，因為我是高級經理，根據銀行規矩，可以入住銀行宿舍，這一點或許是關鍵，引發「羨慕妒忌恨」的情緒。

　　為此我很小心，對於同事，不管高低，我都是客客氣氣。但是我不會放慢手腳。我知道我現在的身份有點像「傳道士」，要宣揚銀行的終極目標，想要成為最受推崇的銀行，必須大夥一起努力，態度上要改變才行。我得到香港總經理的首肯，借了山頂的培訓中心，內有授課與住宿的地方，安排每個小區的經理過來「上課」，大約十多人，由我一個人主講。對他們來說，環境因素很難得，第一次在山頂上課，而且是兩天一夜，可以從山頂看太平山下的景觀。最要緊的是大家覺得自己身份大為提升，可以「住在」山頂，心中的快慰不可言喻。聽我講課，沒有人打瞌睡，個個反應踴躍，怎麼改善服務是大題目，大家熱烈研討不言休息，有的人甚至是通宵達旦，讓我覺得這幫人大有潛

力，以前是荒廢了。

對他們來說，沒想到的是香港老大施偉富第二天結業前來聽他們的陳詞。大家很緊張，都希望給老大留下好印象。雖然第二天是週日，老大還會親自出馬，大家不敢相信，而且是連續一年有多，老大從沒缺席，非常難得。證明他自己非常看重這個項目，也算是給足我面子。我也知道，只是一次性的話，效果不會很好。我借用一個原有的計劃，叫工作改善小組，Work Improvement Scheme。讓每家分行都有一個工作小組，一週一次討論分行可行的方案，目的在於改善服務。總行設立審批小組，把各分行的建議從不同角度來評分，半年一次算總分。得分最高的三隊有不同獎項，反應非常熱烈。最重要的是大家自動參加，六人一組，如果人多可以分兩組。記得全部分行共有400多組，半年上傳的建議超過 10,000 份，雖然有的是「細眉細眼」，不算大製作。但最重要在於參與，讓人覺得改善服務是一個經常性的工作，人人有責。我想要有態度上改變，這個活動打下非常重要的根基，推動服務改善有莫大功勞。

當時我想法頗多，有文就該有武，在分行搞活動不足

夠，還應該有戶外活動。於是借助滙豐體育會 (當年有過萬會員)，成立各種活動小組，舉辦不同類型的活動與比賽。第一年就有 40,000 人次參加，在各大機構排名第一，比賽結果也是一樣，獨佔鰲頭，十分風光。其實說白了，就是產生凝聚力，大家工作在一個「大家庭」，明白服務客戶是關鍵，業務做上去，銀行自然提供更多鼓勵，造成良性循環。這時候，大家態度上的改變非常明顯，銀行一下子有如脫胎換骨，精神面貌煥然一新。加上重新裝修，給客戶新簇簇的感覺。我覺得自己已經順利完成任務，大可向老大交差。這可是我進銀行這些年來的光輝燦爛時刻，我絕對相信銀行工作不僅靠硬件，軟件可能更重要，軟件就是態度。還有上頭高層的支持，大家同心合力建構一個新景象。

這是我的心底話，我非常懷念這段時期的滙豐，大家合作無間，和睦相處，不畏艱難，力求完善。感謝銀行給我的機會，也感謝各位同事共同努力，創造一頁新篇。

難忘的人和事

Paul Selway-Swift，翻譯為施偉富（滙豐翻譯佳作之一），綽號高佬，因為身高六呎六。又是「飛得快」，跟他的姓有關。一句話，好人一個。做香港老大，身高有優勢，虎虎生威，但是說話得體，從不得罪人，跟客戶、下屬關係很好（包括我在內）。不過他有點怕事，不願拒絕別人。他的習慣是別過頭 90 度，看不到你就好。再不然，退後三呎，等同說不。我跟他最接近的交鋒，就是建議他買內地高爾夫會籍，共 48 張，約三千萬港元總投資。他不想，我卻不讓步，結果還是批下來，如今證明是明智投資。來港之前在新加坡做老大，曾為我多次鋪路，均不成功，否則我的仕途可能有變。如今退隱英國，難見神龍首尾。念甚。

第 19 章

調任銀行貸款部遇好市道，
蘇格蘭銀行原則誠信第一

時光飛逝，我在滙豐已經 20 年。回頭看自己的仕途，有酸有辣也有甜，總體來說滙豐待我不薄。最重要，我覺得自己並無浪費時光，從學習到實踐，腳踏實地，一步一步走過來，不敢說日子風光，但算是豐盛，夫復何求。

銀行的改變外人不知道太多，簡單來說，內部員工要專業，挑選客戶有門檻。不像以前，大小通吃，大家夠忙碌，但是銀行收益不高，何苦呢。以前我們自稱是「社區銀行」，為人民服務是至高無上的理想，結果反而因為客戶太多而服務不到位，換來客戶不滿。這時候作出改變合情合理，不賺錢的客戶先放一放，把自己的專長應對高端客戶，不要因小失大，犯不着。這個戰略部署奠定發展的路向，對我個人的發展也有啟發，不能蕩漾在紅海，要闖進藍海，趁人不多讓自己冒出頭。我看銀行，銀行也在看我。

我知道自己在過去的日子總是在做項目，死板板，很少

111

接觸客戶，將來肯定吃虧。我大膽向銀行老大施偉富提出轉換「馬房」，希望嘗試貸款業務，認識高端客戶，為自己將來發展鋪路。老大一口答應，在轉型項目已成形之際，把我調到貸款崗位，也是高級經理，負責總行的製造與貿易兩大類客戶。說實在，我有點受寵若驚，一下子把總行的核心客戶歸納在我旗下，難免有所忐忑。老大理解我欠缺經驗，特意給我半年時間接手，前無先例，一般只是三個星期而已。上手有近 30 年貸款經驗，等於給我一個老師傅，在六個月內好好學習。這位師傅人很好，「教學」很認真，一有時間就「考試」，為甚麼這樣？為甚麼那樣？答不出來，就得重新看文件，毫不客氣。六個月絕對無法全盤接受他的功夫，但是讓我明白貸款的核心問題：有足夠現金流還貸款嗎？大家不要以為我們在貸款前必然考慮這問題。其實往往忽略，很多時只是關注業務的前景有多好！

六個月後，正式開工。大概是市道好，借錢的人多。這時候是改革開放之後的第二輪，不少廠家已經在 1980 年後的第一輪賺了錢，現在是繼續擴大廠房設施的最好時機，往往來銀行貸款的客戶，滙豐自然是他們首選。我有空就出門拜訪客戶，這也是師傅教我的：做貸款一定要看廠房，看看是否還在開工？存貨有多少？新單收到嗎？

師傅還教我幫忙出貨裝箱，就可以知道出貨情況，出貨多，就能有錢回籠。自己去看，絕對好過別人看完才告訴自己，數字不完全可靠。師傅說得好：要相信夥計，但是不能絕對相信，總要有懷疑，夥計才會專注細節，不出差錯。這兩年生意非常好，我這邊不斷有新的生意，老大那邊整天有人找他貸款，還有不少是大數目貸款，要去倫敦那邊取批文。不要低估倫敦那邊，表面上鞭長莫及，其實他們反應很快，前後幾分鐘就回覆。不是光是「同意」或「批准」兩個字，有時候還有他們的意見，很到位，證明他們那邊也有高手把關。

這時候有三個英文字是銀行內的核心價值：In Good Faith。要譯為中文，看似容易其實不然。「有誠信」是我認為最接近的翻譯，就是要求銀行員工要有誠信，對於不義的錢財，不取，而且還要上報，有誠信才能把業務做大做強。這一點，銀行的外籍高管經常放在嘴邊，尤其那些來自蘇格蘭的人馬，把誠信看成自己生命一樣，其他事物吃虧不打緊，但是誠信輸不得，拼命也要保存。老大說過：犯錯輸錢不要緊，不能輸信用，有錢買不回。記得有篇董事長的演講稿，名稱：蘇格蘭的銀行原則，講得很好，是我遵奉的金科玉律。我把其中幾段記錄如下，那是很精彩

的講話，展示滙豐最高領導人對銀行從業人員的要求與期盼。

「世界上最好的事，莫過於在中國按蘇格蘭銀行原則辦銀行⋯⋯滙豐銀行是股東擁有的，股東讓管理層能夠專注創造利潤的業務，並考核他們的表現。他們瞭解培養員工的重要性，對員工培訓絕不改變，員工的奉獻與忠誠，是決定銀行的成功⋯⋯放貸的基礎在於銀行與客戶的關係，而不在抵押品。貸款前要先拉存款⋯⋯我們要有誠信，提供客戶要求的服務⋯⋯我們秉承蘇格蘭精神：對成本敏感⋯⋯我們的主要挑戰是面對不同市場的商業文化，協調有衝突的商業文化，尊重個人的文化價值，保持行動一致，目標明確⋯⋯我們有競爭力才能更進步，應該放下架子，向他人學習⋯⋯蘇格蘭價值跟亞洲一樣，努力工作，遵守紀律，節約成本，負責好學，重視家庭倫理，相互合作，才能實現銀行的目標。」

有不少，甚至全部的話語對我們做銀行的人都是金句。我很佩服滙豐銀行的高層領導，從老遠從蘇格蘭跑到不同文化的香港，能夠融入本地文化，把握時機把業務做大，還有響亮的名氣與口碑，絕對不容易。

難忘的人和事

　　William Purves，中文被譯為浦偉士，也是譯名佳作。他確是一名偉士，滙豐銀行的代表人物，銀行界的典範。在香港、英國、美國都是響噹噹的人物。提及他，無人不服。要描述他的威水歷史，一本書不夠。每個人都有跟他近距離的接觸，感受各有不同，各人對他的共通點一樣：敬畏他，他像無所不知，把人看穿。他身材不算特別高大，頭髮銀白貼服，雙眼炯炯有神，聲如洪鐘（絕無誇張），跟他見面如同受審，不敢說瞎話。他對銀行事務無所不知，而且路線清晰，他有句話我牢記至今：我們做不了全球銀行，做個國際銀行就好。他設下明確方向，絕對是當代英明領導，沒有之一。是唯一受金融界各路人馬敬仰，值得懷念。

第 20 章

董事長問話，諗真先好答

1992 年到 1994 年，我在貸款部「學藝」兩年，是個很難得的機會，能夠處身香港一段光輝的日子，與各類客戶謀求雙贏局面。客戶憑銀行貸款創造美好業績，銀行憑客戶的貸款賺取利潤，而我在這種互惠互利的基礎上得到寶貴經驗，也認識不少「大孖沙」。從加拿大回來四年，銀行似乎早有安排。先是零售業務的改革，要我帶隊，再來貸款業務，要我摸清門路。莫非還有其他安排等着我，是還是不是？當時沒多想。可是處身銀行的「金字塔」上層，心中總有忐忑，也有些想法，想要更上一層樓。

讓我說說銀行頂層的架構。以香港為例，最高統帥是總經理，一個人。他下邊有四個副總經理，分別負責：零售、貸款、外匯、財務，各司其職。再下邊有十多個高級經理，分派四大部門。例如我就身處零售在先，再過渡到貸款。在金字塔底部待過四年，對業務有點心得，更重要的是，銀行的發展動向可以從總部董事長那邊得到第一手訊息。怎麼得到呢？要說說讓大家知道，原來每個月都有

一次高層「祈禱」，由董事長主持，大約 30 人左右，有香港金字塔成員，也有管轄其他區域的高管在場。祈禱是傳統的說法，就是大家聚在一起讓董事長問話與發話。大家圍坐在一起，凳子四散，董事長坐中間，一時看前，一時看後面，人人都有目光接觸，無法逃避他敏銳的眼光。他一坐下二話不說，就直接問問題，很尖銳，不易回答。印象深刻的個案是我們零售副總經理栽過一次，他準備發行一張信用卡，準備定名為全球卡。沒想到，董事長第一句話就問：你說的「全球」是指全地球嗎？包括非洲嗎？副總經理知道「闖禍」，有點結結巴巴，那不包非洲。董事長下一句就不客氣，不包非洲怎麼算全球？大家想去非洲開發嗎？不想去就不要誇下海口。再來一句：做銀行要講實話，不說虛話。

接下去就問馬來西亞那邊的問題，由負責亞太區的總經理回答，當然沒有好結果。再下去，問題換為墨西哥，由負責美洲的老大回答。當時我有點奇怪，莫非有人把問題準備好，讓他發問。其實不然，他會把銀行裏面的書信來往（是黃色的副頁）看一遍，有問題記住，緊急的馬上追問，不急的等祈禱再問。聽說每天進出的黃色副頁足足有兩個文件夾，他全看。後來他退休之際，說到他的遺憾

117

就是信息電子化，大家從電郵通信，他再也看不到內部信息，否則還可以有機會罵罵人。要記錄在案的是：當年外籍專員有 367 位，大約三分之一在香港，其餘在海外。他們的退休年齡定在 53 歲，除非兼任銀行董事。為何是 53 歲？因為是希望在 53 歲離職後，還有機會去外邊找工作，到了 60 就有難度，確有點道理。

從祈禱會上可以知道他對時局變化的看法，更重要的是他如何將我們定位，要強推？還是要原地踏步？或許要向後退兩步？都是他說了算，我們跟着辦就好。他是董事長，但是更像集團 CEO，這是滙豐當年能夠快速行動的原因。不像如今不少大企業靠會議來討論，然後做決定，效率很慢，尤其是討論再討論，並無結論，浪費時間。從這一點來說，我認為舊滙豐絕對值得懷念。當然有人會說當年的局勢遠比今天簡單，今天要立馬做決定難很多。我同意，所以一個人說了算的日子不再存在，需要的是一個管理「班子」，裏面有分管各類業務的頭目，大家一起實施集體管治，才能更有效。可惜這樣做的企業或銀行不多，還有不少老大（是大股東）握權不放，沒有決定。就算開會，也無決議，所謂議而不決是當下很普遍的現象。

這時候，其實滙豐也開始面對「分割」的挑戰。銀行總部搬到倫敦，倫敦管控歐洲與美洲，香港的管理只剩下香港與亞太，兩邊各有董事長，雖然大致上意見相同，但是大局變化很快，而且很多，很難立即聚首商討對策。決策慢過從前不稀奇，無形中產生一些不爽的情緒，可以理解。這或許是新舊之分，是局勢劇變產生的影響，這是無可避免。只是現在讓我們這一批老臣子在緬懷過去的時刻，覺得可惜而已。

這時候，內地的改革開放已經有眉目，許多港商已經在廣東設立廠房，請工人大展身手，寫字樓在香港處理文件，所以老闆及香港高層頻頻過關，兩邊跑監督工作。雖然很忙，但是財路不斷，可能是北上賺錢的黃金時段。銀行不斷在評估，我們將來的路該怎麼走？繼續離岸處理內地業務？還是放開手腳來個在岸管理？離岸就是以靜制動。在岸就功夫多多，但是管理到位，還會產生正能量，應該是高招。再說，滙豐 1865 年（清同治四年）就在上海開設分行，如今設立總部負責管轄內地業務，開拓政府關係正是好時機。問題只有一個？找誰？現在有個老外，有 20 年中國經驗，不過是人在香港跑內地業務，說起來總有隔閡。肯定要換人，但是此人 20 年來已經部署自己的人

馬，要換人肯定有矛盾，銀行高層肯定要仔細考慮，絕對不想搞得不愉快。

　　要在緊迫關頭找人，我總是榜上有名。施老大叫我不要出聲，因為備選有幾個。但是我知道他在忽悠我，若論個人條件，我肯定是最佳人選，而且前期準備了好幾年。我知道另有原因，就是要擺平潛在的矛盾。但是不容易，因為對老外來說，中國內地業務很有吸引力。相反對香港人來說，一般人不是這麼想，要跑內地保留多多，想找到適合的人絕對有難度。

難忘的人和事

SK Cheung，很少人提他的中文名字，原來叫張兆基。大家管他叫 SK，背後叫他師傅。原因是他在滙豐總行任職貸款部接近 30 年，經驗老到，好像名醫，不用 X 光也知道有甚麼毛病。我在 1992 年有幸跟過他半年（破滙豐紀錄，一般人只有三星期），屬特殊安排，讓我能向他學習貸款的神髓，真是對我的厚待，獲益匪淺。最記得第一天，他就考我：借還是不借？有多少理由？他的答案萬分周全，讓我五體投地，佩服不已。另外，他是太極高手，經常在辦公室練習，還會發功，手掌發熱，實在是個奇人。後來調派美國，隨後退休。師傅現在退隱香港，快活度日。

第三階段

晉身上層

第 21 章

調派中國部沉默是金，種種不確定沉着應對

那是 1994 年，我的前期準備算是完成，零售做過，貸款也做過，可以説具備了銀行的基本功。施老大把我調去中國部，表面上説是「臨時安排」，給我一個看似清楚，其實不清楚的名銜，叫中國高級經理。原來中國部（在新總行六樓）的老總叫羅素（Russell）馬上更名為中國 CEO，明顯比我高級。他的副手也改為 Deputy CEO，也比我高級。這時候我馬上感受到那種不歡迎我的隔膜，意思是叫我搞清楚，誰説了算。我懂，當然懂，絕對不敢造次。這位 CEO 主掌中國部接近 20 年，縱橫中國大江南北，有如少林寺大方丈，一般人不能靠近。對我算客氣，給我一張桌子，正好在廁所前面的走廊內，很方便就是。其他沒有任何技術支援，要打文件，要跑到我原有秘書請幫忙。她很懂事，一直不作聲，不怕我煩。

CEO 説我最好先認識分行，四處跑跑，跟本地官員打招呼，拉拉關係總沒錯。我不介意，跑內地好過「守廁所」，不是嗎？我開始行走江湖，奔跑大江南北。施老大沒

有給我任何信息，我就是懸在半空，聽到他含糊其詞：快了，快了。我從來不問清楚甚麼意思。每個人跟上面那個人都有條路線，但是不等於別人沒有這條路線，或許人家那條路線更為暢通，誰知道？在這種情況下，大家都有自己一套板斧，小心駛得萬年船。我逐漸向上爬，自然學會這一招，小心為上。

很明顯，紙包不住火這句話千真萬確。施老大總是說我在中國部是臨時安排，可是不能一直拖。三個月過去，還是臨時。六個月過去，一樣是臨時。人家都在嘀咕：到底臨時到甚麼時候才不再臨時？我總是裝聾作啞，不知道就是我掛在嘴邊的答案。CEO 自然聽到風聲，開始有所行動，目的只有一個：趁早踢我出局。但我就像咬過的橡皮糖，甩不掉，而且把手弄髒。這時候的我絕對是不受歡迎的人物，我就是忍住，靜觀其變。時間很快過，九個月了，還是老樣子。我在內地也跑過不少碼頭。分行對我開始有點嫌棄，大家選邊站，絕對站在我這邊。哈哈，我理解。

CEO 開始有實際行動，首先要我「爭取」一年內發行人民幣信用卡。大家可能不知道，那時候外資銀行是不能

碰人民幣的，如何發行人民幣信用卡？比登天還難。結果是沒有結果，讓我得到一個不好的考評，還有其他不及格的考評，我就不展開來說，可以肯定，這份考評是我20多年來最差，直接影響當年的加薪。沒得加，但是算好，不減。奇怪的是這消息很快傳遍高層，我可沒說過。自然有人為我出氣，跟CEO過不去，要討個公平。這些高管頗有江湖義氣，準備羣起反撲，我知道任何抗爭絕對沒有好結果。施老大還是那句話：很快，很快。別着急的意思，但是已經快一年了，作為地下英雄不是好滋味，但是我保持沉默，死忍。

某一天，施老大忽然宣佈CEO退休，由我接任。CEO在宣佈時已經離開銀行，但是有趣的是，他關照過地產部卻把他的房間給拆掉，變為一塊空地。等於說，怎麼都不讓我去中國部履新。大家說，遇上這樣可愛的老人家，我能說甚麼？我笑笑，沒把它當回事。其實施老大要我坐他旁邊的房間，以示重視中國業務。其實是「賠個禮」，讓我吃虧了一段時間，有點不好意思。其實我知道，銀行當初選我，目的是要我北上，坐鎮上海總部。現在坐在香港也不過是過渡而已。這時候，第一要務就是要把自己跟有關人等搬到上海，先要申請不在話下。要知道，當年在上

海要申請設置總部可不容易。監管單位總是說：歡迎，歡迎。但是私底下加一句，這事不好辦。只好報喜不報憂，把人家歡迎的話講給香港聽，不好辦的事就留給自己處理。

明明是受歡迎的事，為甚麼不好辦呢？有道理的。那時候在內地的滙豐是香港總部的分支機構，不是獨立單位，沒有資格申請為獨立的第二總部。要等到批文下來，認可在內地的第二總部是獨立單位，才可以辦申請。甚麼時候才有批文呢？「這事不好說」是我聽過最多的答覆，問題是我們的總部各位大佬聽不進這種回覆，他們有種可愛的倔強，要我多做工作，滙豐銀行財雄勢大，總會打動人心的。這就是問題所在，給你滙豐，給不給別家銀行？必然要給，不給全部，也要給渣打、東亞、花旗，以示公平。這道理我懂，但是老大不懂，沒辦法。這就是在內地運營的難度，有時像霧又像花，有時真，有時假，真假難辨。這種經驗跑內地的朋友都知道，無法改變，只能順其自然。反而我們在英國的董事長浦偉士倒是有真確的見解，他說：要來檔不住，要催沒有用。蘇格蘭人的性格，我在以後的日子經常體會，直爽個性讓我欽佩。

我接管中國部之後，是段好日子，業務做上去，分行

數目一年加一家，是給滙豐銀行面子的結果。不過加添分行是虧本生意，其他外資銀行都有點猶豫，不想開也不能開，因為沒有懂得外資業務的本地人可以就任分行行長，而香港外派而來的人選不懂國情，來的話隨時是燙手山芋，自討苦吃。當時的我面對「兩面黃」的處境很為難，也看出香港這些年來很少接觸祖國，覺得在內地工作是苦活，給補貼也沒吸引力。幸好沒有太多複雜的業務，一般是幫小型國營單位買他們的出口單，賺點手續費過日子，出不了大錯。記得當時有深圳、廈門、上海、北京、天津、青島等分行。武漢、重慶、成都都只是代表處而已。代表處不能做生意，只是在某地方插一支旗，拉拉關係而已。值得一讚的是倫敦那邊的老大，對於中國有無限大的情懷，覺得我們 1865 年在上海開業，如今就應該回歸上海，重振旗鼓，而且是不惜代價。起碼是給我的信息，也可以說是密令。這種情懷很難得，反而我們在香港的華人高層對中國的發展似乎很冷淡，要搞你去搞。這個「你」就是當年的我。我是逐漸感染到中國發展的勢頭不可擋，我也知道我走上中國這條路是沒有回頭路。以前在香港的日子是我在滙豐的前半部，現在開始後半部。怎樣發展，大家繼續看下去。

難忘的人和事

　　Anthony Russell，中文叫羅素，是不是大哲學家之後不得而知。但是絕對是當年中國通，一提到他大名，內地監管機構無人不曉。他大約在 80 年代中期開始成名，屬第一代闖蕩中國大江南北的外籍人士。作為外籍有優勢，內地總給三分面，辦事容易。跟我的工作關係很模糊，是下屬？還是接替他的人？屬於銀行的「模糊」政策，少不免有欠協調，有賴大家克制，不致失調。關鍵是銀行希望在岸管理，頂替他的離岸管理，不願北上自然身處下風，很明確。一年後，銀行翻底牌（明眼人早知底牌），他退休回國。內地銀行改革剛開始，滙豐遇上好勢頭，但是路上依舊荊棘滿佈，不時想起他過去的提點。

第 22 章

上京拜會國家領導人，浦偉士懷情不忘上海

　　滙豐的董事長有兩個，一個在倫敦，另一個在香港。前者管集團，叫集團董事長；後者管亞太，叫亞太董事長。大家都知道，行政工作，各自分工，誰也不管誰。但是重要決策，集團董事長說了算。不過兩邊都有董事會，就算董事長說了算，也要董事會批准才能通過執行。中國業務對兩位董事長都很重要，我的彙報路線是經香港總經理，再上亞太董事長。請注意，我自從 1995 年接任之後，升級為副總經理，比以前高一級，是當時四個副總經理之一，可以說是一人之下，萬人之上（其實只有千人左右）。我不敢引以為傲，雖然我是最年輕那一個，只有 46 歲。倫敦董事長一年來一次中國，亞太董事長也會一起來，加上其他要員五、六人，到北京拜會國務院領導。總理是必然人選，人民銀行行長必然陪同。其他安排包括港澳辦主任，彙報我行進度。這種高層會議非常重要，不敢說是拉關係，只是禮節性拜訪，打個招呼。有請求會提出，比如說開分行，希望憑着我們一直在開發業務上作出貢獻，是很有機會獲得考慮。

會議之前，我們會準備講話材料，簡單扼要，點到為止。這時候，要把握多即是少、少即是多的道理。董事長一般具備英國人的幽默，言談間還有可能回應一兩句平時我們不敢說的話，引起對方哈哈大笑，雙方可以說是談笑甚歡。這一點，我很佩服我們董事長，客氣話中綿裏藏針，隨時給他戳中要害，無法應對。剛才說到我身為滙豐中國總負責人，每年要帶領董事長等人拜會國家領導人。約見國家領導人有多難自然可想而之，在會議前要準備談話材料也都很不容易。最重要的是，要董事長提出我們的要求，比如說，開放新業務，發牌給我們開設新分行等等。其他都是一般性的客氣話，最多加一點內地的經濟形勢。記得某一次，講到國企改革已經有明顯進步，我們一邊聽，一邊點頭表示同意。沒想到，董事長忽然插嘴，說他還看到一些問題，需要進一步改善。比如說，這個問題，那個問題，一下子提出四、五個問題。不是說他說得不對，只是提出的時間有點尷尬。一般人在這種場合都是聽，聽完說聲謝謝就告辭。他老人家在這個時刻露一手，等於說對方的話不正確。這一樣讓我非常緊張，不知道下一步會是怎樣。沒想到對方接着說，董事長說真話，很到位，還要旁邊的人記下來，要跟進。還補充一句：很久沒聽到別人的真話，很高興。後來才知道，他們兩人從此

建立友好關係，有事會找董事長問問。是不是「不打不相識」，我不敢說。但是從這件事可以看到我們董事長的直率，有話直說的態度值得佩服。

　　我剛上任，在香港接過施老大的指令，要我重新做一份五年計劃書，以前的不算數。沒問題，找了我們的專家陳思嘉（Chandrasekhar，為滙豐做過十多份計劃書），先來一個「腦海大風暴」，思前想後再落筆。沒想到董事長正好在香港，經過我們的會議室，推門進來就問我們在幹嘛？他一聽，就隨口說出四個要點：建立關係、提高名聲、培育人才、設置制度。很奇怪，跟我們想法不一樣，我們一直在想，甚麼時候滙豐能在中國賺錢，一直被這個問題困擾。沒想到被他一句話打破僵局，也沒想到他腦子裏沒有時間表要我們賺錢。他的話是一個莫大的鼓舞，也是一個解脫，不再為賺錢而糾纏不清。後來連香港施老大也很佩服，把董事長的看法與大家共享，希望各高管加大合作，同心協力來宣揚滙豐中國的前景。這是一個不賺錢的五年計劃，也是我銀行生涯中唯一的一份。不是我藉機逃脫賺錢的最終目的，而是佩服他老人家在不同的角度看前景，抓好重點，才能事半功倍。

浦偉士董事長對滙豐在中國滿懷情意，他對上海外灘的老大樓念念不忘，總是想「買」回來。我在這裏用了一個引號，表示這個字別有意義。很多香港人總以為外灘大樓是在多年前給沒收的，其實不然。我就任之後，就一直在旁敲側擊，旨在查根問底，到底當初這棟地標大樓是怎樣「換手」的？原來是在 1954 年，滙豐當時的經理安排把滙豐在內地的資產（包括樓房、宿舍）替換滙豐對外的負債，就是用手上實物替換債務，債務其實就是客戶的存款。替換之後，滙豐不再負責客戶的存款，有點像「清盤」，剩下的就是滙豐這塊招牌，可以繼續營業。滙豐搬到外灘附近的圓明園路某單位六樓，地方跟以前無法比，繼續慘淡經營。這地方破爛不堪，窗子關不攏，地板大力踏上去隨時塌下去。一部電梯，裏面有位阿嬸負責開門、關門，樓梯間全是自行車，不好走。大概四、五十人各自有張小桌子辦公，有人看過絕對會對其殘舊搖頭嘆息。到我接管之時，已有整整 40 年就是如此經營，説起來真是慚愧。我們需要新一點的空間，董事長想把外灘大樓買回來，兩者之間有共同意願。可是過去多年，拖拖拉拉總是沒結果。現在輪到我，我總要把這棟大樓搞清楚，不能再拖。

結果大家都知道，收購不成功，「賣給」浦東發展銀

行。是不是「賣」，沒人可以證實，所以我用個引號。當然有不少人瞎扯，故事多多。有意願想買是事實，而且是從80年代就開始洽商，一直沒結果。有句不客氣的話，聽到的人不要不高興。當初的洽談我方總是出動老外，經過變樣的翻譯，到對方耳中不同味道。再反過來，簡直是雞跟鴨講，無法溝通。這矛盾一直無法解開，拖了十多年。到我接任，已近尾聲，雙方都已經意興闌珊。唯一的好消息是浦東被定為國際商業中心，所有外資銀行必須搬到浦東的陸家嘴。這條規矩給了滙豐一條出路，順勢把分行搬到浦東那邊，可以遙望外灘大樓。而且外灘大樓在上海人心目中總是屬於滙豐銀行（心理上），何必強求？

外灘大樓的故事很多，不便多講。我知道我今天不講，它的故事就會石沉大海，再也沒人知曉，有點可惜。但是不想把故事作為炒賣，還是「讓伊去」吧（那是上海話，隨它吧的意思）。相反，談判不成功，（收購不是由我起，但是確實由我結束），帶來嶄新局面，所有銀行包括外資，必須要在浦東設立總行，最好是連帶總部大樓。對本地銀行絕對好事，他們的規模大好多。我們外資銀行就吃不消，最多弄個地方有萬多呎就夠了，我們規模大一點，要三萬呎就很誇張。當年外資銀行可以做的業務範圍不

大，做點出口押匯就很了不起。其實說白了，這回事的確有遠見，開發浦東是要緊的事，但是外資規模有限，吃不下這塊大餅。這件「東移」計劃敲中我們四大計劃前兩項：關係、名聲。辦不妥的話，必定被香港高層痛罵。

　　沒想到，踏入中國內地就面對各種困境，路不好走，但是我已騎在虎背，路不好走也要走。

難忘的人和事

陳思嘉，英文原名 Chandrasekhar，印度人，在英國讀書。跟其他印度人一樣，思路敏捷，數口特精，給他算過一定沒有渣剩下。他在 1978 年進滙豐做見習，來到我部門受訓。矮小個子，黝黑皮膚，一點不起眼。他毫不遮掩他的感覺，有話直說，經常看不起身旁的香港同事，說他們英語不好，其實是他的口音不容易聽得懂。為他解悶，我還送他盒帶，Saturday Night Fever，他很感激，算是交上朋友。後來他進中國幫忙寫計劃，絕頂聰明的人，考慮周詳，深得高層讚揚。幾乎所有滙豐計劃書都出自他手筆。退休後在新加坡定居。提醒大家，跟印度人做生意，算計不如，肯定吃虧。

第 23 章

重返上海落戶浦東，滙豐四老設宴榮休

我從 1975 年接任為滙豐中國部老大，名稱上讓人產生誤會。我叫 CEO China，中文叫中國部總裁。首先中英文不對稱：China 是中國，中國部是一個管理部門，兩者不匹配。我是承襲舊的名稱，要改不是時候，就算改也不知道怎麼改。但是可以看出前人的心態，英文要顯得大，給香港老外看。中國部給內地監管領導看，咱們是一個部門而已，不會讓人皺眉頭。但是中國部就顯不出原有滙豐銀行的霸氣，反而有點鬼祟，也可能產生誤解，認為我們把內地分行看成香港一個部門管轄的單位，小心眼的領導就會覺得不是味道。尤其是滙豐銀行的前任領導總是在講買回上海外灘舊大樓，那就帶有「載譽歸來」的味道，怎麼還是由香港一個部門來管。

我跟過浦偉士董事長一段時間，知道他的想法：該做的事抓緊做，但是不浮誇，要實在，靠實力做事。他在五年計劃中的提示，就是要我「正名」，要我建立一個可靠的名聲，準備回歸，但是不要一步登天，以實事求是的態度

與內地官員打交道。在那個時代説要買回大樓，因為它可是一個地標建築，任何人都會覺得我們有意大展拳腳，甚至有人想到整個滙豐銀行的回歸。內地是總部，香港是分部。各種各樣「美麗的誤會」，不去澄清，只會像滾雪球，越滾越大，不好收拾。要知道，舊大樓外觀雄偉，但是裏面可用面積不如想像中那麼大，而且各類設施都已過時，要翻新可不簡單。做博物館倒蠻適合，但是就有點浮誇，我們肯定不會走這條路。請注意，最起碼據我觀察，雙方從未把價錢放上桌面，所以坊間流傳滙豐最終沒有買回大樓是因為價格太貴，這是不正確的説法。最棘手的問題在於我們需要一個可供現代化運營的大樓，舊大樓在許多方面都無法滿足要求，而且當時的城市建設也無法滿足我們的需求，比如説通訊系統就很難改造。我們建議在舊大樓的後邊有個地方可以改建一棟新樓，提供現代化的設施。但是這種「孩子尚未出世，就已經準備入國際學校」的想法，當時讓對方有種「恐懼感」，情願「退後三舍」，不想，也不敢談下去，所以一直擱置。談的就是一些不到位的話題，無法把項目談下來。

這種「恐懼感」長久以來都存在。以為外資銀行都是財雄勢大，進入中國市場，中國內地的銀行豈不是「遭殃」，

無法招架，誰也不敢放開市場給外資銀行，就來個「一步一步來」的説法。滙豐買舊大樓，建新樓都是這類「狼來了」的思維在堵路。話説回來，的確值得他們擔憂，不如説，講到花旗銀行就有人會覺得美國的總部隨時「殺進來」把市場搞亂。或許是事實，或許是猜想而已，但是要開放，還是逐步來比較穩陣。這時候，我深有感受，在內地發展以政策為主軸，想得多，做得快肯定行不通。其實買不買舊大樓都不是我最急迫的考慮。我們在圓明園路已經 40 多年，40 年前已經很破舊，40 年後更是破爛，經常被來訪的同事説這是滙豐全球最殘舊的分行，很尷尬。而且對員工來説，實在太委屈。冬天寒風凜冽，冷風穿窗隙而入，大家穿了大衣，加上毛衣。棉毛褲才能頂住寒流。我希望儘快找到適合的工作地點，擺脱舊觀，不要因為收購沒進展而把員工工作環境惡劣一事放下不管。

收購一事一直拖拖拉拉，我接手後兩年還是老樣子，裹足不前。雖然我內心十分希望收購成功，我們能在新面貌的舊大樓上班，而我就可以光宗耀祖。但是我心中明白，這事越走越遠，成事難過登天。同時，政府方面已經改變方針，來一個「置換」計劃，就是「不動」計劃，是甚麼樣就買這個樣，英文叫 As Is。當時同樣在外灘的泰國盤

谷銀行，就照舊買回他們的老房子，頗為得意。其他外資銀行也是在觀望，歸根究底他們在中國的投資還是有限，買回原有大樓不是小數目，有點猶豫很正常。大家也理解在國內做事要「慢慢來」，不能猴急。在各種因素之前，我建議雙方在客客氣氣的情況下結束談判，後會有期。董事長同意之下，我就把我們的立場說出來，雙方握手作罷，再見還是朋友。其實我有「秘聞」，聽北京有力人士說：很快出台發展浦東商區的計劃，全部外資銀行日後想要辦人民幣業務必須搬到浦東經營。這一來，如果屬實就幫我們解套，大搖大擺離開外灘，到浦東陸家嘴繼續經營，豈不是一舉兩得。

後來果然屬實，一聲號令，變為世界新聞。浦東將會成為新的「東方之珠」，正如當年市長所說，一條龍有兩顆明珠，一是香港，另一是浦東。後來證明他的說法正確，雙珠閃耀，令人刮目相看。搬到陸家嘴看似容易，其實不然。因為像樣的商廈基本上沒有，人民銀行率先成立管理機構，其餘像樣的商廈不多，因為陸家嘴金融區只有三條小馬路，大概有十來棟商廈，而且是國營單位所擁有，我們要進去也是困難重重。費盡心思，結果跟中國船舶講好（平時打好關係之故），短期租用部分地面層，加上上面兩

層樓，繼續經營。等到時機成熟，我們有更恰當的安排，再搬走不礙他們將來之用。

有了新的辦公場所，大家都很高興。雖然搬到浦東，大部分本地同事有點不情願，因為有句諺語：寧要浦西一張床，不要浦東一間房。就是代表當時上海人對浦東的態度，但是沒辦法，除非不打滙豐工，另謀出路，否則只好跟大隊來浦東上班。我相信這是短期現象，特意安排三輛「班車」，接送員工上下班，算是一種補償。說到這裏，這是浦東開始發展的第一頁。連政府也「識做」，取消過黃浦江的隧道費 15 元，減輕車輛排隊現象。各種安排都是想讓浦東發展得到支持，這時候是 97 過後，連延安高架也開始運營，東西向的交通大為暢通，政府的推動要記首功。

我們除了在波特曼酒店的貸款部在原地不動，其他部門全部搬到浦東辦公。不過有四個人沒有跟隨大隊過去，他們就是遠近馳名的「滙豐四寶」或「滙豐四老」，寶是指他們甚為稀缺，老是指他們平均年齡在 80 以上，最大那位超過 90。為何這般年紀還在滙豐上班？在內地所有長久未能解決的問題都有複雜的背景，領導不想動，也不敢動。有點像「剪不斷理還亂」的情況。我繼任後實在看不慣這

種情況，不是説我嫌棄他們四老。而是他們無形中拖我們後腿，無法年輕化。我只好一對一跟他們溝通，溝通就是Lobby，希望他們「從善如流」，接受我的邀請從崗位上退下。這時候，不能採取強硬態度，我要你走，你就要走，不可行，必然有手尾。怎麼搞呢？用錢可以解決的問題都不是問題，我採用雙管齊下的方式，用錢，也用情。每人的退休金當時可以買一套房，安享晚年。每個人可以邀請家人來他們的退休晚宴，結果四人退休，來了五桌人，大家很開心，或許可以説從來沒有這麼開心。最大年紀那位，以前是銀行的花王，工作超過 60 年，我相信這個紀錄是中國銀行界的紀錄，特以為記。在他 99 歲那年，我還去過他家問候他老人家，記得我帶了一條火腿給他，當時 100多元而已，他很高興，説要我帶他去旅行，紀念他 100 歲。他在我耳邊輕輕説：曼谷最好。我忍不住笑笑，好呀，好呀。不過這地方有點勞累，我們考慮考慮（兩個考慮就是不考慮）。他也笑笑，説等我消息。結果沒去成，過幾年他安詳過世，我不在上海，托人送去吉儀，算是情至義盡。

滙豐的故事就是人的故事，故事要有味道，就是人與人之間產生人情味的結果。四老的故事流傳甚久，在滙豐銀行集團的「集團新聞」也有報導。

難忘的人和事

　　張伯伯，又名張老，或老張。我第一次在上海見他，不在辦公室，而是在他家。他已經 92 歲，身體算好，雙眼有神，看到我很客氣，要向我鞠躬，把我當長官。他雖然還是員工，銀行繼續發工資，幾百塊錢而已。我到他家見他的原因，一來向他問好；二來，他已不上班多年，希望請他退休，他已經任職近 70 年，也該退休了。他也對我開門見山，爽快答應，含淚告訴我，等總裁這話 30 多年，一直沒消息。我給他一個不錯的安排，算是銀行的情意。他 100 歲那年，我帶去口信，希望他繼續過好日子。可惜沒多久，他就過世。他想我帶他去曼谷旅行的事，一直沒實現，有點遺憾。

第 24 章

回顧昔日上海滙豐之輝煌，
反觀今天老店褪色感唏噓

在香港滙豐工作過的外籍高層，對 1865 年滙豐在香港與上海同年開業經常掛在嘴邊。香港三月，上海四月，所以滙豐銀行的全名叫香港上海滙豐銀行，當然不少上海人認為上海先開業，是總行，香港是分行；一個是老大哥，另一個是小兄弟。過百年的歷史沒人可以說清楚甚麼時候發生甚麼事，任何人的記憶都是片段，包括我在內。我很佩服浦偉士董事長一上任沒多久就聘用一位港大教授，名叫法蘭克金，撰寫滙豐銀行的歷史，從開業寫到香港舊大樓拆卸為止。此君與我有數面之緣，典型老學究，戴金絲眼鏡，近 80 歲。他的辦公桌全是材料，連地下都放滿，問他滙豐歷史，如數家珍，他是絕對熟悉。後來他把滙豐歷史出版，共四冊，每冊近三寸厚。不是別人說甚麼就記下來，書中記載全部有根有據，可以說是一本滙豐的百科全書。我記得，四冊賣 500 港元。出版後，大概缺乏宣傳，買的人不多。我特意捧場，一口氣買了十套，準備當禮物送給知心人。可惜有心人不多，而且是英文，有興趣欣賞

的人真不多。至今我還有四套，放在我的迷你倉。後來發現，原來早已絕版，我的收藏成為無價寶。

我不想騙大家，說我從頭看到尾，四冊全看過。不過有些事情要查根問底，我發現書中描述非常仔細。有一次，有位英國老太太寫信到上海找我，因為她要為她老公掃墓。原來她老公早年在滙豐打工，在上海過世，葬在上海。千里迢迢來到上海掃墓很難得，我們應當配合。我把手上的滙豐歷史，翻查記載，果然發現她老公的確在上海做過經理，是有頭有臉之人。書中還有她老公打完球的羣體照，還指出照片中哪個是他。還有他們倆從曼谷那邊過來上海所乘坐的輪船（船名我記不住了），還有年份。當她來到我這邊，我給她看，她說的確是她老公，說完就掉下眼淚，非常激動，不能言語。我也忍不住，立即眼淚盈眶，這是 50 多年前的事，非常感人。第二天，送她去掃墓。有點難度，她說的地址是法文的翻譯，早已改掉，花了好長時間，問了不少本地人才找到。過了幾天她走了，沒再見面。她留給我一封信，抄送倫敦總部。一方面誇獎我，另一方面投訴我們，說她老公的墳墓沒人依時打掃，很失望我們這樣對待她老公。結果倫敦果然寫公文給我們「吃生活」，罵一頓的意思，這時候我才知道，我們有責

任按時打掃安葬在內地的外籍經理級別的同事。這安排可以說是人情味，或許是責任，也或許是一種習俗。不管怎樣，我覺得是份情意。

說到這些老舊的事情，上海還有很多。我們當年在上海的高管宿舍就有不少應該值錢的古董，一直放着，沒人管。記得有年聖誕節的員工派對（是我的主意，與眾同樂而已），我發現阿姨用了好幾個盤子裝食物，後面刻有滙豐銀行的標籤，連刀叉都有 HSBC 的字樣，嚇了一跳，很可能是絕版文物！這事也說明我們在內地工作的高管只會做桌面上的事情，其他人情世故、歷史淵源很少涉獵。在百年老店的牌匾下過日子，不要說培育人才，連看管都不在行，難怪百年老店逐年黯淡無光。

我並非有意貶低香港北上工作的同事，只想指出香港一直存在的問題，就是「跟着走」的人太多，缺乏領導力。可能與工作崗位的架構有關，上層絕大多數都是英國人，他們以看管香港為核心任務，沒有花時間來栽培後起之秀，大部分人只懂「跟着走」，把上面吩咐的工作完成就好，因為從未想過會有機會高升，接着取代外國人。所以自己也不會學習「十八般武藝」，希望上位。人事部也只是

希望我們能夠有效把事情做好就好，其他不在考慮，升級機會不是沒有，但是「金字塔」的上層非常尖，只有很少數人能夠突破。如果問我一般人最大的問題是甚麼？第一是表達，到底自己所見是甚麼？問題在哪裏？如何解決？許多人抱的態度是「事不關己，己不勞心」，尤其下層同事更是奉行「關人」的心態，眼不見為淨。晃眼十年，二十年，甚至三十年過去，一直是老樣子，服從命令是核心價值，其他不用多想，準時發工資，定時加人工，夫復何求？最簡單來說，就是無法培養人才能夠獨當一面，帶領羣眾走進上升軌道。

上海就是一個好例子，多年來都沒有找到合適的領導，不懂帶隊。不是他們的錯，只是滙豐總部不覺得培育人才是發展的前提。本地員工的積極性也是一個問題，為何？這跟香港同事想法一樣，甚麼時候輪到我？分行管理層都是香港同事佔據，自己上位機會不大，心理上貶低自己。我上任後，銀行要我聘請本地專員見習生，這不是問題。以上海為例，每年有 40 萬大學生畢業，還有 10 萬碩士畢業生，不愁找不到合適的人選。我們的態度是在應聘人馬中找 100 個備選人馬（大約七、八千應徵），然後經過三輪考試，篩選 20 名出來，接受我面試。取錄名單可多

可少，要視乎個人應對能力。前後幾年，找了不少，大家都是慕名而來，因為滙豐是頂級外資銀行，當時對外資銀行有無限大的憧憬，甚至以為可以調派英國總部工作，順利出洋。這班人受到我特意安排，除了業務之外，必須認識領導力的重要，開拓視野。我還送了一份禮物給他們，他們在香港培訓兩年半，再去英國總部半年，我當時想：有三年培訓，足夠有餘，有望回歸之日可以大展身手。我當年還說，將來某一天，滙豐中國的總裁會是本地人，可惜至今尚未實現。相反，這些年走掉很多人，他們把滙豐的經驗看為跳板，跳到其他企業，最終還是放洋到美國等地。沒辦法，這是無法抗拒的國情，至今還是一樣。我不會說是人才流失，只會說是白費功夫。記得我把這種現象跟新董事長龐約翰說起，有點沮喪，多年來無法培養出傑出人才。沒想到，他反而笑笑說：我們對中國要有情懷，為中國培養人才總是好事，在不在滙豐是小事。做大事的人總有大胸懷，他是個有見地的人。

這時候，我們在香港歡慶新世紀的到來。對滙豐在中國來說，也是偉大的日子，因為我們趁新世紀來到，搬入新大樓，樓頂上有滙豐兩個大字，象徵我們有「自己」的大樓，準備在內地大展拳腳，同事們都很雀躍。我是斯人獨

憔悴，因為我們申請成為中國總管理部的批文一直沒批下來，而這個申請是我工作上的重中之重，等於說我辦事不力，烏紗帽不保也不是不可能。

　　要說滙豐的名氣不彰，有很多原因。第一，我們在上海只剩下一棟不屬於滙豐的舊大樓，圓明園路的分行簡直是大笑話，破舊不堪，就像一個舊倉庫。第二，我們作為外資銀行，一直被視為本地銀行的威脅，不願意開放業務給我們，最多做一些出口買單，幾十萬單價那種，賺點手續費與些微利息，利潤非常有限。生意做不大，名氣自然不響。第三，銀行過往沒有花錢做宣傳，認為不值得。宣傳等於是「雞跟蛋」的考量，宣傳有機會增加名氣與生意，但是花錢的效果無法預測，銀行自然不想宣傳。事實上也沒甚麼好消息可以宣傳。第四，外資銀行的算盤打得精，沒有必勝把握，就按兵不動，打守勢波，在某地方插了旗就好，比如說某銀行把分行開到新疆烏魯木齊，就是插旗而已，哪有甚麼生意，有都不敢做。第五，監管單位對外資管轄甚為審慎，一年只准開一家分行，如果稍有踩線，暫停申請開設新分行。而且有意思的是一家好地方，比如說蘇州、杭州，下一次就只能是南昌、濟南、昆明等地，都是生意有限的地方。說得難聽點，就是對外資防範意識

太強。不過也難怪，外資銀行對於二三線城市的業務實在無法把握，到時出現壞賬，就變為雙輸，監管督導不力及經營不善。

問題在於滙豐在外資銀行來說是「龍頭老大」，不能跟隨大隊，應該走在前面，成為領頭羊。說起來，也是我工作的重中之重，把褪色的招牌重新刷亮。

難忘的人和事

Ian Donaldson，是偶像級的國際專員，典型英國紳士，身材魁梧但不失斯文，斯文中卻有幾分霸道，我第一次見他，他坐鎮九龍分行，九龍分行與旺角分行同屬超級大行，很是威風，讓我遐想他日我能如此就好。後來他從外地回來，威風不再，改為文職，負責銀行歷年來收集的文物，準備移去倫敦。反而跟我進出同一層樓，經常一起吃飯聊天，原來他很健談，也不嫌我比他年輕。講到他在 1975 年隨美軍撤離越南，津津有味，捧着銀行解碼器登上最後一架直升機，我聽過多次。明顯是他的輝煌的日子，常掛嘴邊。可惜，他早幾年已經病逝，只能留在我記憶中。

第 25 章

物色大樓一波三折，時來運到好事齊來

講到這裏，大家可以想像當年我的工作是多維度發展，勞心也勞力。新世紀來臨，我們也應該來個大動作，平地起雷絕對是好事。我雖然還駐守香港，不過兩地跑是常態，起碼一週飛內地一次，地方不定，每次三、四天。有時候還要一次飛兩地，更勞累。幸好我習慣奔跑，上下飛機很平常，難不倒我。我這份工作最好是很自由，可以自我發揮，該幹甚麼就幹甚麼。也是最不好的事情，因為有機會徒勞無功，搞出名堂，但是香港不以為然，或許認為我是多此一舉。大方向還是四個：名聲、關係、培育、奠基，利潤還是放一旁。這一直是個「成本中心」，不過成本有指標，或許說是限制，一年不能超過某個數（數目不大，真是滙豐傳統精神）。

新世紀的到來，表示我們已經搬到浦東接近三年。當時跟業主的協議是三年為限，屬於 KCMG，這是滙豐高層的俗語，半英半中，Kao Chong Must Go，時辰到就走人的意思，不要拖拉。但是要找合適地方談何容易，雖然浦東

發展神速，有不少新大廈推出市場，我當時努力奔走，審視過 20 多棟，勉強合適的只有三棟，而且是非賣品。滙豐銀行的原則是只買不租，我們有足夠現金流，只要看中就好。我還跑去浦東的政府單位，說明難處，希望他們幫忙，心想：朝廷有人做官好辦事，過去幾年的關係還算不錯，我們可以算是半個「自己人」。這也有一定危機，因為他們手上有許多地皮，我們一開口，他們就會介紹我們買塊地皮，要我們蓋棟大樓，大家都體面。記得那位主任很熱心，指着陸家嘴商圈的模型，這塊好，那塊也好。還加一句：這塊一直留給滙豐銀行，大銀行嘛。買地蓋房子不是滙豐的那杯茶，肯定會給上頭罵一頓。但是心想不妨試試，因為當時的亞太地區董事長已經是施德論，我跟他有兩次工作上的「邂逅」，我搞錯甚麼，最多「吃排頭」（上海話，被人罵的意思）。等到董事會，我被邀前去介紹我的想法，買塊地皮就在交易所對面，正好一左一右，延安隧道開上去就看到兩棟大樓，一是交易所，一是滙豐，正如上任上海市長所言，兩顆明珠閃亮登場，不是天下第一好事嗎？我們建 20 層，自己用三層（連地面層），頭頂上有滙豐銀行的招牌，門口弄兩頭獅子把守門戶。我認為那是我非專業人士能夠提供的最佳選擇，可是我一路講，一路發現各位董事都是眉頭深鎖，大家悶聲不響，我知道，這回沒

戲了。講完就離場，心想我講過了，了樁心事。說時遲那時快，剛走出電梯口，有人急奔過來，開口叫我，講話有點急：你，你，你不要預我啊！我還以為他要獨佔鰲頭，自己一人扛起這項目（香港大地產商，名字不表）。原來是來打退堂鼓，我沒多說話，只是點點頭，就轉身而去。我覺得這人回絕也太快了吧，浦東發展潛力無窮，何必馬上關後門。或許生意人有自己打算，外人很難理解，相信日後他看到浦東的盛況，必然後悔當初。

我的建議得不到足夠支持，被擱置。我不覺得稀奇，我理解當天在座的董事對內地發展前景有保留，誰沒有？有些古板的人一直覺得內地是個「無法無天」的地方，只適合旅遊，不適合投資。當時在內地發展的商人大多是跟隨祖輩的意願，例如包家就有商業大樓出租，浦東、浦西都有，可算是先驅。不少人覺得內地政府部門很難搞，總是考慮考慮、研究研究，計劃書呈交後總是石沉大海，讓人沮喪。同時也感到某種官僚暗地要求某些好處，難以應付。所以觀望者多，不敢貿貿然進軍。不僅是別人的問題，自身問題也有不少，很難找到能幹、可靠的人掌管一切。不放心內地人，卻又找不到自己人，面對兩難，只好「等機會」。

在發展中國境內業務，滙豐銀行絕對沒有「等機會」，反而是搶機會。董事長給我的指示，其實是命令，要求滙豐不管怎樣都要第一，第二絕對不行。這道指令難度很高，給我們批文就已經很好，但是還要樣樣第一，給我無限大的壓力。我倒不害怕，因為我很清楚，絕對不會「人頭落地」，因為沒有另外的「備胎」可以馬上頂替我，起碼沒有人有我這種「視死如歸」的心態。我已經把這份工作看成自己的煞科，隨時準備 KCBG，香港人的俗語就是「起錨」鬆人，橫豎已經任職接近 30 年，我的思維建築在「拚死無大害」，樣樣都要搶第一。

本來蓋新大樓是一樁驚天動地的好事，可惜沒有外人支持。時間上也有時不我予的感覺，要等好幾年划不來。剩下一個選項：買三層，加個冠名權。附加條件：還要新簇簇，有景觀，朝向好，門口上下車的地方有氣派，還要有八成以上有租客，不然冷清清不夠人氣。秉承滙豐精神：價錢要合理。各種要求拚在一起，只有一棟大樓面對陸家嘴入口，四面朝向。日本地產商擁有，一年新，管理極之到位，當時的租金是每天一美元一平米，是頂級價格，證明有料。樣樣都好，唯一不好的是：只租，不賣。而且是他們全球經營的原則，絕對不考慮賣房子，有點氣

餿。我知道跟上海的代表沒啥好談，對方只會帶我遊花園，沒結果。結果留下名片，道明來意，後會有期。在內地辦事，不能急，要放長線。奈何我的時間表越來越短，心想：不要亂了節奏，辦不了大事。

天無絕人之路，忽然聽到小道消息，這家日本地產商有意蓋棟全國最高的商業大樓，需要資金，而且接近天文數字，肯定沒有條件可以「自費」。聽說日本大老闆的女婿要去香港集資，正是給滙豐的好機會。我立馬回港，跟對方約好在總行見面，把我行集資能力作簡單介紹，一句話：捨我其誰？同時也把我們買大樓的想法放在桌面，看看對方如何反應。我明知對方需要向日本老太爺彙報，我們特意安排我行老大釋出善意，表示有意「包銷」對方貸款需求，而不是我一個人跑龍套。對方早就知道我行的歷史與能力，深刻感受到我們的盛意，沒想到他會爽快答應，還吩咐他的女婿跟進。如果要找個雙贏局面，這絕對是個很有代表性的個案。

這時候正是 1999 年的春天，我從未遇上這麼輕鬆愉快的時刻，把大樓買賣合約簽妥，接下去就是裝修工程。心想：寫字樓設計我以前搞過，小菜一碟。我還把過去的種

種想法，包括取消個人辦公室，全部坐大堂中座，包括我這個 CEO。這時候，我已經打定主意，在新世紀的到來，我帶隊伍入駐浦東，移居上海，展開我銀行生涯新一頁。開放式設計很有震撼效果，不少行家上門取經，其實是來嘲笑一番，堂堂 CEO 會如此「落泊」？我可不介意，搞搞新意思，不正是支持改革、開放的國策？心底知道，我在內地的日子已經接近盡頭，我留下一塊開放的地方，可以讓新來的 CEO 設計他的辦公室。

好事齊來，屬於上海市政府的上海銀行有意招募外資銀行入股，真是好消息。當時外資入股內地銀行正式開放，又是一個絕好機會讓滙豐銀行先拔頭籌，搶個第一。沒想到一拍即合，證明有政府導向，下面人辦事爽快好多。雖然只有 8%，但是意頭好，開先河總是好事。到這時候，我深切體會浦偉士董事長的說法，先發制人總有好處。這些年，我有如探子，四處找發展機會。香港總部接到我的建議，大家總會有商有量，不會一口拒絕。一來對我信任，二來對我客氣。在滙豐，如果上頭對你客氣，別高興，很可能是時日無多的先兆。

沒想到新世紀的到來，竟然給了滙豐搶鏡的機會。新

大樓已更名為滙豐大樓，頭頂上四面都有自己的名字，兩邊中文，兩邊英文，都有滙豐六角形標誌，可以說威風八面（雖然只有四面），在內地銀行，包括四大銀行在內，滙豐屬於第一家在陸家嘴設有自己大樓的銀行，絕對是第一，沒有之一。我有說不出的喜悦，忙了這些年，終於有賣相絕佳的新大樓落地，代表舊大樓成為過去，只是地標而已。改朝換代的感覺油然而生，大家對前景充滿憧憬，一片樂觀。

難忘的人和事

張丹丹，原名張丹紅。我在上海時，是我的公關經理。說實在，就是我的公關顧問。之前，她在英國BBC 任職九年才回國發展。在滙豐她是大才小用，因為我們公關活動不多，反而她主力負責政府關係，來補我的弱點。我是有脾氣的人，對某些官僚事項，說話不客氣，經常要她打圓場。公開講話時，她總是站在一旁，給我暗示，好，繼續。有時，她會搖頭，就是要我拐彎，是我的舵手。她最不喜歡我脫稿講話，不可控的風險加大，她知道講錯話很難更正。她總是穿旗袍，帶出中國風，在圈內甚為討好，是難得一見的人才。可惜數年前因病離世，讓人傷感。

第 26 章

苟且態度難以根除，以身作則改變思維

　　滙豐新大樓帶來無限鼓舞，就好像買了雙耐克新跑鞋，但是能否跑得快，還要看自己實力。這一點我自己很清楚，跟香港外派人員與本地員工相處幾年，深知他們在想甚麼。基本上，就是希望過好日子。對內地員工來說，我知道他們的想法來自何處，多年來在困苦的日子生活，希望過好日子很正常，但是他們並不瞭解「付出與收穫」成正比的關係，多少有點「伸手要」的思維，而且不會不好意思，因為過去樣樣東西都是「上頭」給的，伸手拿過就是。當年香港所謂的「做就 36，不做也是 36」的說法就是這樣的意思，只是沒想到這種思維根深蒂固，很難連根拔起。由於我作風明確而硬朗，不怕直斥其非，他們對我來說保持距離，面前還是很客氣，不敢造次。我是明白人，知道我們對滙豐新大樓的投入很容易製造遐想，以為伸手可以得到更多。對外派人員來說，他們也是想過好日子，離鄉別井總要有些好處，雖然我給的補貼算是全行業最高，達到原有工資一半的水平。同時也造成一種「多一事不如少一事」的心態，風平浪靜、平安過渡就好。

　　最簡單的道理是，滙豐銀行在內地還是一個「成本中心」，要像「大花筒」亂花錢實在說不過去。我的思維跟他們的思維肯定有落差，甚至是不講出來的「矛盾」，矛盾就是爭議。跟外派人員也有欠和諧，我走改革開放路線，他們心平氣和，以不變應萬變，低頭做人、做事。同時我也知道，有些香港同事跟我唱反調。我說嚴重，他們就說不必太緊張；我說緊迫，他們就說慢慢研究一下。

　　有些話從本地銀行的領導那邊聽到，很不是滋味，說我們破壞「規矩」，本地規矩就是「慢慢來」，我們從升級、加薪來說的確跑得很快，他們感覺上吃不消，因為滙豐正在製造不平衡的生態。這話從何而來？原來我們的開幕典禮在 2000 年 4 月正式舉行，香港來了不少「大孖沙」，包括新任艾爾頓亞太區董事長，本地嘉賓來剪綵的是陳良宇市長（時任市長，出事前），他們剪綵後各自發言，然後舉杯進餐，大家對浦東發展交換意見。他先從「三個代表」說起，我懂，但是別的香港來客不懂。然後他再補一句，滙豐這樣財雄勢大，最好還是集中火力做高檔客戶，否則員工開支就划不來。甚麼意思？懂他的話的人就多了，董事長朝我看看，沒補充，當然我懂他意思：不能光靠錢，還要講實力。對我來說，兩位領導的話，讓我背脊發涼，新

的遊戲規則開始，似乎原來的四大發展方針需要更改，要加入盈利，而且排位要靠前。

記得開幕儀式之前，我們特意安排董事長與市長共同亮燈儀式。這種場面很流行，其實有風險，記住「墨菲」定律，可以出錯的都會出錯，在內地就是特別靈驗。我是心中忐忑，希望簡單、快捷的剪綵，在下班前花半小時就好，主要是不想出錯。跑內地業務，最怕出錯。沒想到香港的公關部門認為這是滙豐近年來的佳作，需要大搞一番。我們這邊出動董事長，他們必然要有合適對口，市長來最好。市長來吃飯更好，表示關係良好。席上有民族表演更好，錦上添花，而且要在香格里拉大酒店才有氣派。不知道是誰出個主意，要安排亮燈儀式。他們不知道，我們的招牌在大樓頂，要看見亮燈，起碼要有夠大的平台，還要有人為他們在平台上打傘。他們也不知道（不怪他們），原來正巧接連下雨，雨勢頗大。很明顯，這些坐在辦公廳的公關就是拿手「閉門造車」的活動，而且是倫敦那邊的公關阿 Sir 發號施令，我們只能按本子辦事。

墨菲定律終於出現，原來樓頂上的燈是「慢熱型」，要三分鐘左右才會全亮。如何讓董事長按鈕後馬上全亮？

結果我們團隊想出先亮燈，再用黑布遮攔，等到董事長按燈，我們立馬把黑布拉下，達到全亮效果。算是「死橋」，沒辦法中的辦法，把死馬當活馬醫。有兩個技術問題：一是按鈕與亮燈要同時發生，我們跟樓頂上的同事（共有十多人，照顧四面的燈光）手機提前接通，等我們在平台上發出消息，他們就把預先覆蓋的黑布拉下，讓燈光四射。第二是當晚傾盆大雨，樓頂上的同事全部雨衣也難遮擋，全身濕透，苦不堪言。在平台上，雖然早已準備防雨棚架，但是打傘需要多名同事從旁協助，一樣全身濕透。大家為了慶祝這個偉大的時刻，有所不便也不介意。

經一事，長一智，沒說錯。大家經過這一役之後，關係拉近不少。我在他們心目中順利成為他們的「大哥哥」，年齡上應該是「叔叔」級別才對，但是他們覺得我比較親切，像大哥哥多過叔叔。我不介意，只要大家把事做好，得到總部支持，以後事情好辦，香港某些人總是覺得本地同事思維跟不上，有點鄙視。其實是缺乏領導，大家無所適從而已，只要有人發話，他們是願意大力辦事的。就像拿破崙說的話：他們是沉睡的獅子。叫醒之後發力就不得了，這時候我理解自己的地位重要，如何掌控鬆與緊的平衡很重要，也是考驗自己情商的好機會。

講錢，我們有補貼，比其他銀行多。講寫字樓，我們在頂級寫字樓辦公。講方便，我們上下班有車接送。能給的，我都給了。天地良心，大家應該沒怨言。唯一我還能給他們的是信息，尤其是銀行內的信息。有甚麼計劃正在進行中，對我們有何影響？我想出一個好辦法，每週一我發公告，每個員工人手一份，一頁兩面打印午飯前發送。第一版是銀行動態，第二版是我個人對各種事務的觀點與評論，不打官腔，有話直說。為甚麼我會這樣應對某件事，如果是處罰，為甚麼？如果是獎勵，又是為甚麼？我有高興的時刻，也有鬱悶的時刻，更不要說我也有沮喪的時刻。我沒有保留，把心底話全說出來，真的做一個像大哥哥的 CEO，相信不容易找得到。每次前後一千字左右，我親自執筆，是每個同事每週的精神食糧，從未間斷。對於內部溝通來說，明顯有效，大家不要瞎猜。一連寫了接近兩年，我後來離開上海的時候，這些內部發行的文字被編成一本書，叫「王總的話」，有一寸厚，給我深刻印象，有感懷，有感觸，也有感激。人情味往往是相互尊重而伴隨的，我懷念這段日子。

難忘的人和事

　　Elton Lee，中文名叫李惠乾（讀錢音），不過一般人都叫他英文名，大概習慣了。他這人在內地工作，90 年代從廣州開始，一直在內地，接近 30 年，是個真正中國通。我覺得，他是個無名英雄，在香港的滙豐同事對他認識不深。他在內地也如此，總是以為他是搞科技的，其實不僅科技，他也是流程優化的專家，屬於後勤部隊。他總是默默付出，埋頭工作，不求功名。有事發生，他總是第一個到埗搶救，值得稱讚。他是我在上海高爾夫球友，我們打球速度快，三小時不到就打完，到丁香花園喝茶去也。用心工作，用心生活，誠高人也，值得學習。

第 27 章

苦難日子固化思維，歡樂日子扭曲作風

多年在滙豐訓練，說話經過陶冶，一般很客氣。對外講話，更是好話說盡，壞話隱藏。記者朋友對我沒興趣，因為他們喜歡找污點，從壞處開篇，看的人就覺得很過癮，因此增加銷路。大家看到這裏，或許已經感覺到我這人是「大好友」，壞事變好事，嘴巴很乾淨。我自己知道，在今天的社會，講好話不是好習慣，隨時受人排擠。能給隨時口出惡言，才是人上人。

我之成為大好友，其中一個原因是我過去跑內地業務，深切瞭解講好話的道理，因為我們外資銀行時刻都需要拉關係，講好話是必須學會的功架。比如說，講到武漢長江大橋，我們對市長就要說：這是政府領導人的正確領導下，偉大勞動人民的力量的典範。許多香港人不屑如此褒獎別人，認為自我低威，不可行。試想，經年累月的結果，嘴巴塗油很正常。但是我心裏很明白，表面與內部隨時不一樣，我們要警惕。比如說，我們一講到中國五千年歷史文化，絕對正確，具備正能量。但是我知道，悠長

的歷史與文化只不過是盔甲，來遮蓋我們頗為不一樣的內涵。反而，我們看中國，要從新中國看起，短短 70 餘年的發展，驚天動地。我們備受薰陶是這 70 多年的歷史，比去追尋過去五千年有實際意義，我們被感染的是這 70 多年的社會文化，過去五千年是珍藏的古董，跟我們不一定有直接的關係。

就算 70 年，我們在內地的親友也經歷不少難忘的日子，要細訴從前很費勁。不如簡單來說，70 年的前 40 年，1949 年到 1989 年是苦日子，苦難比歡樂多；1989 年到今天是好日子，歡樂比苦難多。苦難的日子固化人的思維，歡樂的日子扭曲人的作風。所以說，現在人的作風是由歡樂而來，香港也是一樣。歡樂的最重要元素是金錢，不是說：有錢不是萬能，但是沒錢卻是萬萬不能。社會上的事全是錢作怪，一點沒說錯。像滙豐銀行在陸家嘴搞了新大樓，人家總會說滙豐有錢，搞新大樓是小意思。連同事也是這麼想，加薪或送紅利獎金是必然事，絕對不會想到滙豐銀行的老大全是蘇格蘭人，其節儉思維舉世無雙，連我也深受感染。所以，年輕的同事心懷不滿的大有人在。搞大破壞，不敢；搞搞小規模破壞，不稀奇。而且，滙豐銀行在全國有九家分行，等於是九種文化，各有不同。不如

説，大連與青島不隔很遠，但是當地人思想、舉止很不一樣。甚至乎，蘇杭與上海就很不一樣，不是分好與壞，就是不一樣而已，起碼追求不一樣。我們做分行行長的外派員不一定能充份把握各地方的特色，隨時掉坑或踩雷也不知道。從監管單位角度來看，嚴格把關限制外資銀行不是沒有道理，我們貸款出事，連累他們，智者不為，守得緊有道理。簡單一句話來總結：防人之心不可無。

從 2000 年 5 月開始，我進駐陸家嘴新大樓，不敢說自己是「定海神針」，但是有我現場監督，起碼出錯，或出事的機會會減少。當時在內地經營，不求賺大錢，只求不出事，否則壞了名聲，拖累日後發展就不美。我做人做事總是「以心為心」，大家用真心對待別人，我相信攻心為上。對年輕人特別照顧，年紀大的有時候挖苦我，說他們是我的「御用軍」，有特權。其實不然，因為栽培年輕人不簡單，他們想法多，隨時隨地可以走人，培訓變成白費。特意加點勁，希望綁住他們，在滙豐作長期打算。

記得我趁互聯網開始流行之際，在內地設立滙豐內網，方便彼此交流，我的「王總的話」也升級為電子版。說明不用記名，可以隨意對銀行政策發表意見。一開始，大

家客客氣氣，問題一般性，我叫人事部儘可能回覆。一來一往，結果擦出火花，問題逐漸尖銳，甚至具有攻擊性，謾罵別人的話語都一一出現。這時候，我有點後悔設立內網，但是也有欣慰，能夠藉此機會得知這種思維：不少人鍾意暗箭傷人，不理事情的真實性。比如說，我說過我對補時工作與「補水」的看法，我不贊成補時工作，但是補時工作不要給予補水，這是很正常的立場。但是被人扭曲為銀行高層強調補時工作的重要性，要加強工作效率，甚至裁員來利用剩餘員工加多補時工作來彌補工作力。後來有本地同事吃不消這種胡言亂語，密告給我是哪個人在散佈謠言。原來是在我身邊不遠的某某同事，原來還不止一個人，還有其他人一起在搞事。可恨的是，這些人一向是我看重的見習，我不願說他們「口是心非」，不堪造就。但是這般年輕人貪求「好玩」，不覺得工作要有規矩，對「長官」要有禮貌。可以想像，他們日後能改最好，如果一直是這樣，前途堪憂。

這時候，我開始採取「步步為營」的態度，凡事多看清楚，才走下一步。當別人知道我有防範，他們就不敢輕舉妄動。我心中還有問題：某些年輕人是這樣，年紀大的又怎樣？為甚麼要問這個問題？因為我剛才說到過去 70 年

的下半段，帶給老百姓大量的財富，卻不一定帶來正確的價值觀，影響人對於財富的追求而產生扭曲行為。我們在銀行應該設立正確的價值觀，但是無法管控他們公餘的行為，也無法改變他們過去積累的錯誤思維。簡單一句話，這 40 年帶來的是一種複雜、不平衡的心態。教育力度在加強，但是要糾正還要一段很長的日子。或許這就是香港人害怕在內地經營的原因。

難忘的人和事

小周師傅，是在上海的司機，很少與我交談，只顧開車。作為司機，他還有一樣特點，就是不看倒後鏡，勇往直前，碰到別人再說。我相信，他認為我們是外籍高管車輛，享有特權，其他人要讓我們（車牌有別）。我理解，他受文革影響甚深，有點憤世嫉俗。為我開車，讓他出口怨氣，自認比別人要強。他很少用普通話跟我說話，總是上海話。我猜，他是想告訴我，我們是一路人。他有股倔勁，熬過苦日子，甚麼都不怕。對我，他有敬畏感；對他，我有敬重感。

第 28 章

外籍專員遍佈全球，中國市場亦不例外

滙豐銀行全球的外籍專員一向保持在 400 人左右，分派在世界各地的分支機構，以倫敦、香港佔比最多。我在中國的日子，也有五位外籍專員，佔全數外派內地員工約 10%，有一定作用。首先解釋一下外籍專員有何特別？工作上跟我們在香港的專員沒有明顯的區別，待遇上有所不同，起碼銀行提供宿舍，還有退休金。這兩點經常被人羨慕，認為這是天大的福利，的確如此，尤其對香港同事來說。但是事情有正面，也有負面。最大的負面是他們對於工作地點沒有選擇權，而且對時間也沒有話語權。就是說，要某個人甚麼時候調派去哪裏，銀行說了算，個人不得有異議。這個要求就不是香港同事輕易可以接受，比如說，銀行要調派某人去黎巴嫩工作三年，而且是下週就去。老實說，我本人就不願意。所以說，這樣的福利換來這樣的調派，不是人人可以接受。而且還有語言不通的障礙，比如說，調派到巴西，就要學習葡文，談何容易？用粵語來說，不要「恨」，實在「制唔過」。

我在滙豐多年，與不少外籍專員交往頗深，瞭解他們的處境。一句話，要走快走，遲一點走不了。因為到了一定年紀，要轉工作絕非易事。那麼難道四處調派可以接受嗎？不是不可以，而是不容易，但是必須克服。我有位外籍同事，例牌四處調派，可是去的地方頗為山旮旯，印度、也門、墨西哥、俄羅斯。我不敢想像如果這個是我，我會否立馬辭職。為何我跟他有區別？因為他們自年輕就離鄉背井，四處為家，已經習慣四處「流浪」的生活。雖然有苦自己知，但是習慣了漂泊不定，也就處驚不變。這一點，我是蠻同情他們的。我見過某個老外同事過去在中東戰區的分行工作多年，來到香港工作，這人的手不斷在抖，我以為他有病，其實不然，是因為長年在戰火紛飛的環境工作，心理不平衡，積累恐懼與焦慮才變成這樣。當然我們會問：為甚麼要把銀行開到那種地方？要成為一家有規模的國際銀行，有業務的地方就要開行。（浦偉士董事長在任時甚為反對滙豐發展為全球銀行，就是因為缺乏國際專員，能夠成為國際銀行就不容易。）

我們在香港看滙豐就覺得滙豐超級大，其實只是滙豐的一部分（很重要的一部分），滙豐在其他地方業務一樣具備規模，而且有很多國際專員躋身其中（包括被戰火影響

的那些人）。要講國際專員的故事，我可以講不少，因為
我在他們公餘聚集的地方 —— 銀行的酒吧，跟他們一起喝
過啤酒，聽過他們那些趣事，甚至尷尬事，印象深刻。我
在上海有五個外籍外派員，都不是見習，是銀行派來工作
的，有兩個已經有接近 10 年工作經驗。來到中國，半年內
要學會普通話，起碼能與同事溝通。任期一般是三年，特
殊情況可以延長一年。他們年輕一代學歷很好，有的甚至
是劍橋、牛津畢業生。態度也很好，不會有看不起人的姿
態，服從性很強，不會搞小圈子活動。說起來有點像「僱傭
兵」，好使好用。或許是外派原因，對世界大事比較關注，
不像香港外派員把目光鎖死在香港，其他不管，給人感覺
有點狹隘，不像部門或分行領導。這也是香港同事一般的
弱點，來內地的目的就是來打工，而不是來帶領本地員工
增長銀行知識，增添他們的經驗。我曾要求多派幾個外籍
專員來中國協助我的發展計劃，但是給倫敦婉拒，因為當
時滙豐正處於快速發展階段，需要國際專員。比如說，在
美國收購一家龐大的金融機構，叫 Household Finance，專
做信用卡、房貸、車貸等消費性貸款，全美國有近一千家
分支網絡，銀行只能派出六名外籍專員前往助陣，那邊的
需求遠遠大過中國。知道現狀，我也不敢多說，誰重誰輕
很清楚。（後來這家消費金融機構發展過猛，出了問題，跟

外派人員不足，不無關係。）

　　這是 2000 年之後的日子，中國內地展開快速發展，對外資銀行來說是好事，更多業務開放給我們，更多外資企業湧入內地，上海是龍頭，滙豐自然面對新的機遇，當然也是挑戰。機遇是我們的國際地位，外資企業找我們協助財務安排很正常。生意興隆不在話下，挑戰是我們的資產負債表還是有限，很難全面支持外來的外資企業。說實話，就是資金不足，因為本地存戶甚少把錢放在外資銀行，外資貸款苦無資金來源，只好向香港、新加坡等地外借美元來做貸款，利差自然很薄，賺不了錢。這種挑戰一直都有，只是開放的結果使問題更為突顯而已。這時候，很明顯外資銀行必須改變路線，傳統的貸款業務變成「雞肋」，食之無味。滙豐開始走外匯交易這條路，不必動用大量資金，靠買賣外幣賺取差價，或許走向投資銀行路線，為客戶尋求資金，海外市場有大量資金，想進中國市場卻無渠道，滙豐正好擔任中介角色，擔任融資，開始銀行業務新的一頁。這樣一來，在上海的銀行業務開始跟香港，甚至倫敦拉近距離，原來的商業銀行模式需要改變，不能採取「狂攻」，只能「守業」，這也解釋為甚麼新世紀以來，就算銀行業遠為開放，資產規模卻一直沒漲上去，跟外匯

及融資業務的發展有絕大關係。

這時候，外籍專員能夠發揮更多影響力，因為他們跟登陸的外資企業領導「同聲同氣」，溝通方便，也讓對方覺得「他鄉遇故知」，找到門路安排資金。還是一個老問題：我們要大展身手，需要派人過來，面對不是很大的「盤子」，不划算。不僅是滙豐，其他外資銀行也面對同樣問題，不容易解決。後來滙豐啟用好幾個外匯出身的人馬出掌中國業務，跟以上所說的情況有一定程度的相關性。

2002 年是一個分水嶺，之前是摸索、漸近模式，培育人才是重頭戲，拉關係或許更重要。之後是開始營業，進攻市場，不再是培訓基地，有實戰經驗的人才是招募對象，所謂外籍人士已經被國際化，來自新加坡、印度、美加等地不稀奇。這也代表本地市場的國際化，對於人民幣國際化有積極的推動。1994 年內地對外資銀行啟動第一輪開放，我們進入外匯交易市場，雖然只是美元兌人民幣而已。到了 2002 年，外匯交易更上一層樓，外幣互換已是常態。沒多久，到了 2007 年，這可是外資銀行的里程碑，因為內地的網絡必須註冊為獨立法人銀行，不再是海外總部在內地的分支，是一個獨立單元。管控責任由內地獨立銀

行肩負，有獨立的資產負債表，自負盈虧，由法人代表負全責，這人才正式成為合法、合規的 CEO，跟我以前是總代表，或是表面上的總裁，不可同日而語。

難忘的人和事

Les Buyers，典型國際專員，不過經常在中東任職，我跟他見面之前，他在黎巴嫩四年。當時戰火紛飛，他這人看見不少血腥鏡頭，性情有變，有點憤世嫉俗。銀行在 1986 年把他調回香港，負責新總行大廈搬遷計劃，把所有人搬回總行，當時我是設計團隊，剛好交棒給他。但是他這人情緒不穩定，隨時要跟意見不合的人過不去，我有點擔心。因此自告奮勇申請自己調職押後，幫他一把再說。他原來是香港管弦樂隊的小提琴手，可是如今兩手經常發抖，不彈此調。沒多久，他退休回澳洲柏斯老家安享晚年。

Michael Shearer，典型年輕一代國際專員，調來上海接受通才培訓。初見他時 30 歲不到，是他的第二個崗位。我佩服這班年輕人，離鄉背井，見識世界其他地方，尤其來到中國，成為意外收穫。他很聽話，來上海之前已經開始學習普通話。到埗之後，

積極投入本地民情，坐公車，嚐試本地飲食風情，工作賣命，絕不造假弄虛。最讓我佩服的是他開班教授簡易英語對話，有熱忱，但是本地員工反而不覺得重要，反應一般。我看得出，滙豐對他這種有本事的年輕人只是跳板，時機成熟就跳槽，不愁沒出路。他是個討人喜歡的人，不知今日何在？

第 29 章

上海任期戛然落幕，調派美國同樣精彩

　　2002 年接近年底，艾爾頓亞太地區董事長，也就是我的大老板專程拜訪上海，只是停留一天，早機來，晚機走，說是跟我有要事商量。我猜到這可不是好消息，要見面商量，在老外的世界裏，要見面談，肯定是「先禮後兵」，就是先行禮，後動手，典型英國人的作風，我以前看得多，現在是時候輪到自己接受這種禮遇。大家一見面，就開門見山，他直言不諱，銀行面臨巨大改變，各條業務線直接向中央彙報，CEO 功能轉換為超級公關，沒有實權，這種角色可不適合我。他知道，我也知道這是甚麼意思。他接着問我有沒有想法？不然他倒有個計劃，要把我調派國外，他忍住沒說要我去哪裏。我朝窗外一看，故作沉思。其實我已經一把年紀，入行 30 年，進入夠鐘 Must Go 的階段，去哪兒都是「埋單」前奏，不作多想。他看我不出聲，去美國如何？心中有點喜悅，他沒說台灣，因為我從台灣來，回台灣去，是很正常的調派。我怕他改變主意，連說好呀，美國充滿活力，讓我注入新能量，絕對好事。大家像是有默契，一起笑笑，就這樣吧。接着握手告

別，說有人會安排。滙豐高層就是這樣，決定很爽快，最重要是沒有不好的感覺，英文就是 No hard feeling。沒想到，結果還是要跑碼頭，還要跑到美國這麼遠，是益我？還是損我？還是往好處想吧。

人事部告訴我，安排我去美國加州洛杉磯，果然是張「好牌」。我已經不擔心做甚麼工作，橫豎是個「遲來的蜜月」，我想不會要我太吃力。但是艾爾頓始終秉承傳統，不會真的讓我度蜜月，工作還是有點份量。分三路：第一，掌管剛剛收購的一家私人銀行，叫共和銀行，英文是 Republic Bank。這銀行很有意思，全球只有三家分支，一在洛杉磯比華利山，一家在紐約，有棟很宏偉的大樓，是總部。另外一家在倫敦，跑跑歐洲生意。這銀行規模不大，但是投資回報率極高，達 25%，等於說四年可以歸本。第二，我管理美國西岸的亞洲業務，共有四家分行。但是我有責任要積極尋找適合收購的本地華資銀行，西岸共有十來家，但是業務量不成氣候，看來沒戲居多。第三，我功能上提供指導給加拿大東西岸的亞洲業務分行，共 50 家左右，但是不用直接管轄，不扛盈利責任，像是一名顧問。三份工作拼在一起，不吃力，但是需要經常出差，這是美加特色，在天上時間多過在地面。

對我來說，唯一的吸引在於這銀行的地點在比華利山，屬於高檔中的高檔，可以匹配晚來的蜜月。比華利山並非在山上，山上的確有豪宅，多數明星住在其中。滙豐銀行分行在山下商業區，其實是前任的選擇，跟滙豐無關，收購後收歸滙豐旗下而已。這個商業區是名店聚集之地，可以想到的名牌時裝店都在這個商業區有分店，招徠高檔客戶。我們做私人銀行業務，對象是有錢人，而且我們的業務是提供給貸款給電影界人士，拍電影之用。一般人前來兌換外幣，我們在樓下分行也不會拒絕，但絕對不是主流業務。拍電影貸款不是一般銀行可為，要有多年專業經驗，如果電影賣座欠佳，貸款立馬變壞賬，所謂「無仇報」的意思。因此在美國西岸敢做這類業務的銀行只有兩家，其他銀行不敢碰。以前共和銀行的老闆 Edmund Safra 是出名猶太人，跟電影界人士關係甚好，眼光也好，不會看錯。他敢做一定無大礙。我從香港來，對電影一竅不通，隨時中伏而不知道。所以，我一到埗就跟各位同事打「預防針」，大家有經驗，貸款你們看着辦，不要讓我踩香蕉皮。銀行賺錢分花紅，我不會虧待大家。就是這一句有點像「空頭支票」的承諾，大家各自跑快一點，把我第一年的業績翻一番，真正「有錢使得鬼推磨」。

但是我沒有忘記加拿大的亞洲業務，這邊廂是純粹商業銀行模式，吸取存款，做按揭貸款，風險有限。這時候移民到加拿大人數大增，尤其是溫哥華，風和日麗，空氣清新，好多港人移民帶來資金，把亞洲業務推上高峰。多倫多也一樣，來了不少香港人，買套房打算長住，按揭貸款是主流業務，盈利增長不在話下。可是大家要知道，美國到加拿大不是近距離出差，每程差不多四、五個小時，從洛杉磯出發，飛溫哥華，再飛多倫多，南下紐約，再回洛杉磯，剛好一個星期。在洛杉磯休息兩天，又開始出發，巡行去也。

來到美國，首先要搞清楚自己的級別，在這裏是越誇大越有型。副總裁是起點，上一級是高級副總裁，沒有一個高級副總裁的名片，有誰聽你的？我當時是行政副總裁，比高級副總裁高一級，比高級行政副總裁低一級。大家可以看到很多具備「高級」的名銜，不要忘記這是美國，把自己看得高，才有人注目，千萬不要謙虛，把自己威風壓下去，反而不美，引致客戶看不起，導致生意談不攏。這種誇大的作風跟滙豐的傳統很不一樣，我也多少吃不消，要昂首挺胸面人羣，開始真是不習慣。這時候就覺得滙豐那種樸素的風氣可貴，在美國就吃虧，覺得我們「無料

到」。我一直沒提到滙豐收購的消費金融機構的作風，是我不想，因為他們覺得自己比滙豐「大」，我們收購是以小犯大，而且滙豐銀行只是調派六個國際專員參與管理工作，更讓他們看不起。有次他們在總部芝加哥開會，所有經理級別全數參加，共有六百人，而我們是被壓倒的少數，試想如此的管理結構遲早失控。果然沒過多久就出現鉅額壞賬，成為滙豐收購行動一大敗筆。

幸好我跟消費金融毫無關係，否則一身蟻，周身痕癢。在我三年任內，我要特別留神，不想踩地雷，30年功名敗在老美手上不值得。這時候聽到艾爾頓董事長跟我一樣，離開滙豐銀行，退下火線算是退休。原來他在退休前，保持英國紳士風度來到上海幫我安排去路，值得我敬佩。總部剩下的人馬沒有出面研究這家公司的弊端，導致後來的麻煩，真是可惜。我逐步發現這個地方以錢掛帥，沒有甚麼人情味，人家工資高隨時跳槽。同時，如果我們要增長業務量，隨時可以找人帶幾個客戶過來，業務馬上上揚。簡單四個字來形容美國精神：弱肉強食。

其實這樣的作風，我們今天看得更清楚。不必講原則，要講也是講自己的原則，別人（尤其是敵人）的原則不

是原則。銀行的風險我懂得如何計算與防避，但是不屑某些人那種雕蟲小技，喜歡搞小動作。我對他們某些人來說是威脅，今天我們對威脅兩個字聽得多，有時不明所以，其實很簡單。有人破壞自己謀利的機會，就是威脅，甚至是敵人。紐約總部那邊更誇張，內部矛盾無所不在，問題是滙豐自己人太少，被人分豬肉而無法制止。我在西岸工作兩年，生意不差，因為我跟得貼，雖然頻頻出差，但是不忘自己那筆賬，跟得貼，人家起異心的機會就少。沒想到，遲來的蜜月竟然變為一個學習的機會，知己知彼，起碼交出一份理想的成績，對得住香港總部。

難忘的人和事

David Eldon，譯名艾爾頓，當年滙豐亞太區董事長，身材魁梧，雙眼有神，看上去讓人害怕。對時間是分秒不差，對賬務分毫不差，對下屬嚴格但留有餘地，屬於綿裏藏針那種人。以前在中東滙豐工作多年，對於異族文化有深厚感受，來到香港駕輕就熟，在華人社區應付自如。對他來說，我是他挖苦對象，總是喜歡來幾句刻薄的話語，但是不傷和氣。他做事認真，批文洋洋大觀，很細緻，不留漏洞，證明分析力強大。他對我情至義盡，把我安排到美國，脫離香港是非圈，自己不久之後也退休，定居在港。

第 30 章

在美工作頭銜最重要，美國人私利意識強烈

　　我來到比華利山，才知道銀行對我不薄。我正式的名銜是滙豐美國西岸總裁（一共有六個總裁，根據地區而分工），這個名銜對外人來說不重要，因為每家銀行都有各自選擇的名銜，看不出高低。在美國，個人名銜反而更重要。比如說，最高級的是總裁及首席執行官，一看就知道這人是老大。下面那個人就應該是高級行政副總裁，英文縮寫是 Senior EVP，再下去就是行政副總裁，EVP 是也，也就是我的個人名銜。再下去，SVP 高級副總裁，VP 副總裁等等。所以把我放在全國第三級，算是給足面子。當然我理解背後可能有人不爽，從香港來就躋身高級領導層，不服氣很正常。可能是因為我上任前是中國業務總裁，總裁總是令人敬畏的關係（其實我的地盤很有限）。美國人表面上客客氣氣，但是對於外來者，尤其中國人，總有看不起的心態。對於這點觀察，經常問自己為甚麼會是這樣？比如說，我的「助理」，其實是秘書，不過叫助理較為高檔，就不知道香港是甚麼樣。有天她很激動，跑過來告訴我，在電視上看到香港，原來有這麼多的高樓大廈，比洛

杉磯的 Down Town 還要厲害。其實洛杉磯的 Down Town 跟香港中環沒得比，小巫見大巫。但是她的說法證明一般人的「無知」，以為美國就是「全世界」，世界上最好的地方，他們是上天的「選民」。試想：美國人手持護照可以出國的人不到 20%，從西岸飛到東岸，六小時飛行就等於出國。不過話說回來，美國的確地大物博，旅遊景點很多，而且一般人的收入都花在吃喝玩樂，所餘無幾，要去旅行不是經常行為。平時到海邊沙灘上曬太陽已經了不起，最多去墨西哥邊界逛逛，買點便宜的東西就算旅行。不像我們有點錢就說要去歐洲，甚至要看北極光才是旅遊硬道理。

記得我的第一年業績扭虧為盈，真不錯我有權發放獎金。大家開心之餘，我安排一個特別獎，讓洛杉磯表現優異的同事，一共十個人，連同一名家人或伴侶（伴侶比配偶更重要）飛三藩市旅遊一天，住五星級酒店，包住包食，銀行還負責路面交通費用。哇，簡直是天上掉下來的餡餅，從來沒有領導如此大方關心員工。有某個人告訴我，她從來沒有去過三藩市，雖然只是一個小時飛行時間，開車八小時。對她來說，如同出國。有點像我小時候坐火車去沙田龍華旅遊一樣興奮，整晚睡不着。不講不知道，原來美國人情薄過紙，自己顧自己，會對別人好的人，我說

的是實際好，不是口頭上的好，屬於不可思議的舉動。他們嘴巴很會賣乖，因為不要錢。我記得去考駕照，要考駕駛守則，共 20 條，不能錯多過六條。那位在運輸部負責「賣」試卷的老太太，說她賣沒説錯，一張 20 元，即場改卷，肥佬可以即場再買一張再考，再肥再買，考到為止。我考了三次才過關，每次跟她買卷，她非常好口，一次更叫我寶貝（Honey），第二次叫我親愛的（Darling），第三次叫我甜心（Sweetheart），可能是習慣了，天天這麼稱呼別人。橫豎不要錢，賣口乖不好嗎？因此千萬不要自作聰明，以為自己真是她的「寶貝」。所以，像我這樣，做足功夫，請優異員工去旅行，簡直是江湖佳話。當然我也安排其他分行的優異同事飛來比華利山，包食包住，大家 Happy 一番。其實沒花多少錢，沒甚麼了不起，只是過去的領導心中無他人存在，與我們一直推崇的「以人為本」是兩碼事。小動作換來大迴響，我這個舉動給我不少分數，英文叫 Brownie Points，意思意思的獎勵。

美國做業務的同事都有無形的價錢牌，比如說，這人值 80,000 美元年薪，40,000 美元獎金。在我這邊是這個價，在另外一家也是這個價，除非要搶人，把價提高一點。為甚麼會有價錢牌？因為每個客戶經理都有自己的客

戶，每年能夠從他們的戶口上賺取多少收入，可以算出來，如果是 200,000 美元，給客戶經理 120,000 美元算合理，銀行穩收 80,000 美元，雖然燈油火蠟歸銀行負責。他的客戶只認得他，一直跟他走，他在哪家銀行無關痛癢，根本不需要知道，交易準時搞定，而且有錢賺就好。所以說，客戶對銀行的忠誠度是零。我們在香港講的那一套，銀行要抓緊客戶關係，根本不重要，反而是客戶經理要抓緊。給客戶經理多一點營銷費，或者應酬費，他們就會感謝不已，因為一來有面子，生意還可以做得更大，兩全其美。這一點，我懂的。

我們銀行有些底層同事對中國人不甚瞭解，誇張的說法會說：他們在中國很窮，吃不起麵包，喝不起咖啡。所以我第一天上班，我在附近買了杯星巴克，拿在手裏。我的助理一看到，給我一個眼色：你怎麼搞的？她馬上按下喉嚨跟我說，介紹我喝美國高檔咖啡。隨後帶我到附近另外一家店，要了一杯「像樣」的咖啡，還說中國肯定沒有。有點像台灣某些人說我們在內地吃不起茶葉蛋一樣。我不怪她，美國媒體喜歡誤導別人，以此為樂。但是小事一樁，看出民情。也有人對我們的「底細」有深刻的好奇，比如說，我們寫字樓的清潔工，40 歲出頭的黑人朋友，對我

很有興趣，不如説對中國很有興趣。他五點半就來清潔，拖拖拉拉之餘，看見沒其他人，也知道我很隨和，喜歡跟我聊天，談到中國。他不理解，媒體説我們很窮，但是在比華利山購物的人不少是中國人，讓他很費解。我跟他解釋，人口分佈就是一個鐘形曲線，有錢人在一頭，窮人在另一頭，中間是普通人。來到比華利山的是這一頭的有錢人，出手闊綽不在話下。但是在中國貧窮山區還是有不少人為溫飽擔心，他們不能來美國，自然看不到。我説美國也一樣，他點點頭稱是。他説他的教區就有很多窮人，不過溫飽不憂，就是缺乏精神食糧。他鼓起勇氣邀請我去為他們做禮拜的時候講道理，平時講道理我在行，但是要跑到教堂跟陌生人講道理，我有點緊張，但是不想讓他失望。就答應他，後來卻有點後悔，講甚麼好呢？

到了那天，台下 100 多人，看我上台，大家熱情洋溢，掌聲雷動。我用平常心來講，不激動，也不過火。我説我的題目叫「筷子」，大家都很好奇，講甚麼呢？我先來一段「認親認戚」，説到一本書，由諾貝爾文學獎得主 John Steinbeck 所寫的「憤怒的葡萄」，為甚麼叫憤怒的葡萄呢？因為葡萄要長在一起，才有力量，才能發出憤怒的聲音。書的核心內容是要大家同心合力，才有力量對待惡勢力。

（我是瞎說說，其實這本書很長，很乾澀。）我接着說，我們用筷子吃飯，幾千年如此，必有原因。一支筷子只能「戳」，不能「挾」東西，挾才能保存原樣。第一個信息：我們不喜歡破壞，喜歡保持原樣。兩根筷子可以輕易拗斷，但是一簇筷子就很難被拗斷。第二個信息：合作產生力量，不會被人折斷，生命力強大。以上也是我瞎扯而已，但是在這樣的情況下，隨便說說無傷大雅就好。沒想到，台上反應很好，給我掌聲，下台後還有擁抱。我很感動，原來人與人之間的距離可以很近，不需要「寸土必爭」，弄到「你死我活」才安樂。

美國精神的核心就是要做英雄，這樣可以打敗所有敵人，他們就是喜歡拉幫結派，不是朋友就是敵人。可以說，很可愛的思維，也很幼稚。問題是敵人如同鄉間飛在我們頭上的蚊子，無處不在，殺之不絕。但是如果不是蚊子，換了一羣黃蜂，還想趕盡殺絕嗎？按兵不動往往是最好的方法避過麻煩，甚至是災難。跟美國人講講平和的題目，往往得到美譽，因為他們從小就是打打鬧鬧，爭取勝利是終極目標，造成輸不起心態，很可悲。我在滙豐傳統精神下成長，由年輕走到退休邊緣，總是用一種「有容乃大」的思維考慮人際關係，不想失敗，但也不想盲目追求

勝利的光輝。在美國人眼中，我算是異類，願意跟我交朋友，這是我在美國工作其中一樣很值得懷念的收穫。

難忘的人和事

　　Sam，是比華利山辦公室的清潔工人，40 歲不到，每天四點準時來到我們寫字樓清潔。他總是笑咪咪，不嫌工作低下，原來他是大學畢業生，學過金融。五點後等到別人回家，他總要進來我辦公室，抓着一條毛巾，問一些有關中國的問題。比如説，我們平時吃飯時吃甚麼？我們那邊的人會講英語嗎？我們經常出門旅行嗎？有時候涉及我自身，比如説，我在哪裏讀大學？為甚麼我會來美國做總裁？林林總總都是好奇心堆砌的問題。他人很樸實，尊重工作，不會放飛機。對人彬彬有禮，對中國有某種嚮往。

第 31 章
美國人思維趾高氣揚，
職場文化須軟硬兼施

　　2003 年，內地與香港爆發非典型肺炎，我遠在美國，對於疫情知道甚少，只靠舊同事傳來消息知悉一二。簡單講：一切活動停頓，保持防疫。有人說我好運，在美國避開這場疫情。是耶，非耶，不重要。我覺得自己也是在調整中，如何應對文化不同的美國人？中美兩國文化差異非常大，我在日常生活中就有深刻體會。比如說，美國出兵伊拉克之前，跟幾個美國律師吃飯，我問眾人美國可會攻打伊拉克？我是有點看不準，而且我們傳統思維是「以和為貴」，大家有話直說，不必一來就出手，所以我認為不會打得成。殊不知他們幾個異口同聲說：一定打，要把他們打扁才行。我頗為奇怪，問他們何出此言？他們的說法都一樣，對方的價值觀不能接受。我當時沒講話，在思考他們為甚麼會有統一的思維。說要打，不稀奇。但是大家有共同思維就不簡單，英文叫 Consensus，因為在中國內地表面上看，大家很和諧，其實每個人都有個人想法（甚至有不同的做法），絕對不一樣。香港也是如此，或許會好一點，起

初不同意見，後來逐漸拉攏。

我發現在美國看籃球，很有意思，每個人都會捧主隊。比如說，在洛杉磯，看球的球迷一定捧湖人隊Lakers，絕無例外。在內地或香港，兩隊都有自身的捧場客，很少全場有一致的態度，主隊「一定」要贏，絕對不會支持客隊，一定是一面倒。就算主隊有不友善行為，球迷一樣叫好，對客隊發出強烈噓聲。不是來欣賞球賽，是來向客隊喝倒彩。看出他們的態度，就是自己要贏，對手一定要輸，採取甚麼手段要對方輸，那是另外一回事。這種我們一定要贏的態度，支持美國的發展比人家快。但是這也造成一些扭曲現象，總是我對你錯，而且自己並不發覺，其他人的應對方式有兩種：加入他們的陣營，作為盟友；持相反意見，立馬成為競爭對手，逐步升級為敵人。就是非友即敵，很容易理解。當天如此，今天依然。

幸好，我辦公室的政治不明顯。或許我一開始就說清楚，我的美國經驗一無所有，但是有的是一項特權，就是隨時可以對不良行為採取行動，甚至「炒魷魚」。相反，我不在意讓各位同事享有高度自由，包括上班時間。這句話其實有道理，因為西岸時間比東岸慢三小時。他們早市

九點開始，我們這邊是清早六點，還沒上班。我們九點上班，他們中午十二點，早市已經結束，大家準備吃飯。下午一樣，我們吃完飯，他們已經收市，準備回家。所以兩邊通話有難度，經常捉迷藏，很不方便。所以，我提出活動工作時間，大受歡迎。因為有些跟紐約做慣交易.的同事，就覺得方便，可以早上班（也不塞車），跟紐約通話。下午三點左右就可以回家，因為紐約已經收市，不需要留在辦公室。而且三點回家，交通暢順，起碼省下一小時車程。大家知道我是講道理的人，而且似乎後面有人撐腰，可以自作主張。所以我在寫字樓頗有地位，他們不敢造次。或許應付（不是說對付）美國人不是要硬，也不是要軟，是軟硬兼施，講道理，但不放過不良或惡劣行為。各位同事不會因為我經常出差，一去就是三、五天，而有所怠慢工作進度。我覺得起碼把我當作朋友，並非敵人。

滙豐銀行在美國發展已有十多年，當初靠收購美國第五大銀行，海洋米特蘭銀行開始壯大。這是個巧合，這銀行有米特蘭（Midland）這個字，後來在英國收購的銀行也是米特蘭，而且是英國四大之一。從兩家米特蘭銀行來看，滙豐銀行的發展脫離不了收購或併購。用錢買銀行不難，價錢雙方覺得合適，就可成交。但是收購之後如何把

收購對象併入自己的組織架構，行政上歸化自己，而且在行為、態度融入自己的企業文化，就不簡單，費時甚久，隨時遇上障礙，反而成為「心腹之患」。兩家米特蘭銀行規模都不小，以美國米特蘭銀行為例，在美國東岸就有好幾百家分行，都是小型分行，要傳達自己的企業文化，要對方融入，有說不出的難度。而且我們的名字有香港、上海兩個字，給人印象是一家中國銀行，心中自然有所抗拒。就算後來遷冊倫敦，也很難改變這種「心病」。滙豐雖然調派好幾個高手過來坐鎮，守業容易，改革就不容易。每家銀行都有自己固有的毛病，甚至根深蒂固，要用大量的人力、物力，還要領導力才有些微效果。以我在比華利山為例，我一個人闖入人家的近百年老店，守住現有業務就很不錯，還要把對方的基因改造，談何容易。

　　兩家米特蘭銀行的收購，效果不錯，帶來不少憧憬，讓高層躊躇滿志，開始一系列的收購活動，例如在巴西收購當地最大的商業銀行，把滙豐版圖擴大到南美洲。但是對方有 2000 家分行，而滙豐只能調派 40 名國際專員（當時人力資源很緊張）進駐巴西，加強管理，但確實是不合比例，明顯力不從心，效果就不是很好。當時我有朋友身為 40 人之一，雖然加班加點，總是跟我訴苦，巴西人的工

作態度根本跟滙豐沒法比，還要儘快學習葡萄牙文，聽得懂已經不容易，還要寫得來，近乎天方夜譚。後來這項收購也是不得善終，全球擴張計劃不得不放慢，其實難度很大，要跨越的門檻太多，也太高。

　　說回美國滙豐，當時 2003/2004 年的情況也一樣，身為滙豐「自己人」的領導不多。我算一個，鎮守西岸。我的老板統掌六個地區的總裁，他屬於高級行政副總裁，銀行二把手。幾年前在香港曾經是我的下屬，非常能幹，但是經驗尚淺，40 歲不到，已經派到美國做二把手。這人不僅能幹，也很活躍，四處奔跑，從無叫苦。但是這種人不多，不足支撐滙豐銀行的快速發展。老實說，就算我來美國，可以說是銀行老資格，對管理文化完全不同的美國同事有一定難度，心有餘而力不足。銀行把我派過來的美意我心領，但是我看到的現象說明滙豐開始力不從心，讓我揪心。要明白，我跟我老板都是商業銀行出身，管分行有足夠經驗，但是滙豐還有其他幾百家分行在東岸，充斥短期行為，隨時埋藏長期隱患。而且，剛剛收購的私人銀行，全由原班人馬管控，做高檔客戶的生意，數額大，風險也大，拍一部電影借出一億美元是等閒事，但是遇上賣座欠佳，就成為「肉包子打狗」，一去沒回頭。相信這現象，倫

敦總部不是不知情，果然幾年後，就由新任 CEO 歐智華開始減磅，把一些不值得留下的單位出售，減輕壓力。

我在 2004 年，一個偶然機會回到北京，參觀七天內建好的方艙醫院。主辦單位很熱情，介紹內地發展形勢給我們一行人，非常感動。一句話：內地需要海外人士參與發展活動，能夠回國更是歡迎，帶給中國發展動力。我回歸祖國的打算油然而生，在中國作貢獻不是更好過在美國行行企企，消費自己的能力？在回程途中，我不斷思考這個問題。雖然三年任期尚未結束，提前離開不是沒有道理，相信銀行不會阻撓。但是在比華利山生活悠閒，簡直是人間天堂，要放棄實在讓人不捨。思前想後，還是決定回國，回國就是意味自己告別滙豐，從新開始新一頁。放棄比華利山沒甚麼大不了，但是放棄滙豐銀行的生涯的確不捨得。前後 32 年的甜酸苦辣，點點滴滴都值得回味。

難忘的人和事

　　Brandon McDonagh，多年前跟過我做見習專員，人很勤奮，40 來歲。典型愛爾蘭人，總是不討好。他的口音美國人一般聽不懂，用字也不習慣。但是他是我見過的國際專員中最落力的人物之一，身為美國二把手，天天在飛，時時刻刻在手機上工作。人人嫌他煩，但是他依然故我，總想為滙豐設置規矩，指出某些美國同事不妥之處（一般是隨意）。對我算是客氣，把我當前輩，總是叫我王先生，在美國很少有這種尊師重道的稱謂。一般叫名字的簡稱，我就是 Ed，當有人哎一下，就誤會以為是叫我。

第 32 章

退休前告別酒會，見盡各方人情味

　　回到美國跟紐約老板道明自己回國的意向，他一口答應，還說我有志氣，想要回國作出貢獻。通過他這一關後，就該通知香港董事長，結果也是一樣。他還給我一個特別待遇，把我離職當作提前退休，能夠在滙豐銀行退休是一種榮耀，算是一份大禮。而且他說我回港後會安排退休酒會，是一種禮遇。兩邊都安排妥當，剩下的是比華利山的告別酒會，安排比較容易。沒想到，來了兩年，轉眼就過，雖然經常在天上飛，但是日常也建立了應有的感情，雙方都會有點不捨得。

　　記得當年離開上海，告別晚宴超過 200 人參加。我的致詞有兩句話我記得很清楚：「過去的日子，大家同心協力建立一個新的滙豐，那是一段從無變有的日子，不是太難。但是接下來是從有變好的日子，難很多。我會在太平洋那一邊為大家吶喊助威，讓我將來回國分享大家的成就。」獲得在場同事熱烈掌聲，歷久不斷，反映了大家深厚的感情。人與人之間，相處一段足夠長的時間，大家以

心為心自然會有感情。就好像我在滙豐銀行這些年，不管大環境、小環境如何變化，甚至人與人之間的矛盾，過了今天就是歷史，留下的就是對過去的懷念，深與淺，甜與酸，時來時往，永遠不會忘記。

離開比華利山，告別酒會很簡單，適應民情之故，這裏的同事一般聚首辦公室，開兩瓶加州 Napa 美酒，聊幾句就算。這不是說「人情薄過紙」，只不過當地文化不會像「生離死別」一般，痛哭流涕才算告別。我完全理解，能說一句「再見亦是朋友」，就很難得。我當時有兩部車，結果賤價賣給同事，他們開心的不得了，兩年新，開了幾千英里而已，差不多對折轉讓。我也不在意，既然要提前離開，有些損失是必然事。另外有點不捨得的是，住的房子由銀行代租的，從來沒住過這樣高級的房子，足足 3,000 呎，帶裝修，而且還有健身房，游泳池等設施。還有兩位世界知名人士，一位是曾跟 Armstrong 上月球的那位 Buss Aldrin，他住在我樓下，已經一把年紀，但是講話依舊神氣十足。他介紹自己時，永遠是說他是第一個從月球回來的太空人，第一個踏足月球的是 Armstrong，而他是第一個從月球回來踏上地球的人，美國某些老年人還是很可愛的。另外一位就是日本高爾夫球星 Kawasaki，他是天天健身，

五點就開始，起碼練三小時。最有趣的是他身邊附近有兩名保鑣，身材魁梧，讓人有安全感。我是五點到六點，接着開車（五分鐘路程）上班，在銀行對面那家韓國人開的咖啡店喝咖啡，看免費 Financial Times（六點就送到），好不寫意的生活，由清晨開始。

我有輛 Mini Cooper，淺藍色，非常搶眼。在香港開就有點招搖，但是在美國用來代步非常適合，也是讓我圓夢而已。原來在美國買車，一般不買，租賃為多，分三年租賃，三年後可以轉租為購，其實是很好的財務安排。所以有不少美國同事都安排租賃，而且挑選名牌，寶馬、奔馳很平常，敞篷也不稀奇，加州陽光難以抗拒，所以他們總是覺得自己是上帝的選民，來到加州享樂，不希望有外力阻擋。我們雖然遠在中國，但是我們不斷進步，隨時搶走他們的工作，甚至剝奪他們發財致富的機會，所以把我們當敵人有道理的。這裏從內地和港台來的移民多數聚集在洛杉磯東部，人多勢眾，減少受人欺凌的機會。開車來比華利山上班要一小時車程，來回兩小時，所以下班不會久留，屬於「夠鐘就走」那一種。補時、補水從不發生，不過我也是一樣，六點必走，香港時間是第二天早上九點，沒人找就天下太平，不走更待何時。

六點走有個隱藏的好處，就是晚飯後可以到附近一個商場，內有十家電影院，規模不大，但是電影有如出爐麵包，熱辣辣，剛剛攝製完成，就會推出放映。這也像名牌大學附近的書店，剛出版的書都是新鮮熱辣的，拿上手特別有味道。看電影不貴，加上可樂與蝦片，消磨時光是很爽的事。停車場龐大，而且短期免費，這是洛杉磯生活情趣之一。還有其他就是加州餐酒，以出名的 Napa 為例，30美元左右可算是超值；其他一般酒莊的餐酒不外乎十元八塊有交易。到了週末，打開電視的體育節目，喝杯餐酒，消磨半天都是典型的加州生活。絕對適合退休人士，手上有點錢更好，生活無憂，夫復何求？說到有錢，不要有誤會，以為我講的是幾千萬美元；只要有退休金，加上年輕時的積蓄，吃喝玩樂就不是問題，這地方甚麼都不缺，缺的是適合的工作，賺點生活費不容易。

　　聽我說，這地方很自由。的確如此，但是我們在香港、上海也一樣，有點錢生活一樣自由，吃喝玩樂一樣不缺。為甚麼美國媒體（包括政客）總是說我們沒有自由。其實他們所說的「自由」在定義上有點不一樣，他們的自由包括政治自由，能夠有選票就代表有政治自由，我們相對來說就缺乏一點，手上沒有那張選票。他們把政治自由看成

一種無上權威，比生活自由更重要。所以我們只有生活自由，就有欠缺，比不上他們，成為他們「攻擊」我們的把柄。記得我說過，美國人具備「一定要贏」的 DNA，根深蒂固，揮之不去。跟他們共事，有點像「與狼共舞」，更誇張的說法是「與虎謀皮」。

在美國的日子，不能不提滙豐銀行在美國的總部，其實不在紐約，而是在水牛城。紐約是商業總部，而水牛城是後勤總部。為何選在水牛城？那是米特蘭銀行前身的總部，滙豐收購後更名為滙豐總部。我們幾個區域總裁每隔一個月要去水牛城開例會，對我來說，第一、二次有新鮮感，以後就很勉強，心理上有抗拒。這地方毫無趣味性，一條大馬路，一條電車路，滙豐一棟大樓，一家像樣的酒店。沒有唐人街，冬天天寒地凍，因為接近加拿大邊境，在伊利湖邊，颳起風，冷風刺骨。唯一的吸引是接近尼加拉瓜瀑布，夏天遊客不少。銀行業務絕對是乏善可陳，作為後勤支援是唯一的選擇。當地吸引我的是的牛扒，還有水牛城烤雞翅遠近馳名。牛扒份量很大，不是八盎司、十盎司份量，而是起碼 16 盎，如果胃口好，每次起跳是八盎，即就是 24 盎、32 盎再上去。我有位大塊頭總裁同事，一來就是 48 盎，他能吃得完，讓我念念不忘他的食量。我

為了不失顏面，點了 16 盎，跟他們比，簡直是小巫見大巫。他們最厲害的是喝啤酒之量，無法相比。平時我是一個 Pint 就覺得很滿足。他們是接二連三，停不下來那種腔調，真讓人佩服。第二天開會可以想像，發言者少，精神恍惚的人多。不過這就是美國的生活情趣，出公款吃喝更是爽快。對我來說，是一番前所未有的見識，對銀行的安排來到美國我是絕對心存感激。

難忘的人和事

Heather Harwell，她是我在 2002-2004 年比華利山的助理，當時接近 50 歲，像個褓母，幫我留意我可能不知道的禮儀。就是不讓我失禮，英文叫 faux pas。美國上流社會有不少禮儀，她把我看成上流人士，感謝她的美意。她以前在白宮副總統辦公室當過助理，很明顯懂禮節，替我擋架，甚為難得。後來，她覺得銀行工作，進來是錢，出去也是錢，滿身銅臭，她不喜歡。她亦是一位虔誠教徒，熱愛義務工作，想我推薦她轉工。我寫封很長的推薦信，讓她順利轉行做義工，很善良的一個人，應享主恩。我懷念她。

Phil Tucker，沒有中文翻譯，大家就叫他Tucker。他也是我跟肥標打高爾夫球的拍檔，有他就三人。他的球技不比一般，是「單差點」之人，就是說每次打完都在 80 桿左右。他的球桿可以說破舊不堪，毫不起眼，而且他開球，球桿位置很奇特，完全違反常理，但是打完一個洞，他又是一個 Par，甚至有小鳥。他跟我們打球有規矩，他不說笑話，只聽而已。他後來被調至紐約，跟我經常碰頭，2002 至2004 我在美國。後來他工作失意，回澳洲退休。可惜沒多久病逝，痛失球友。

第 33 章

與滙豐走過三十載，滿懷舊情難忘過去

2004 年 7 月從美國回到香港，希望稍作整頓，再北上找工作。沒想到，有位老朋友很快就跟我聯繫，說請我做 CEO，幫他搞上市。以前做銀行，面對客戶，提點上市前要準備的工作。如今反過來，要面對銀行，聽取他們的意見。我覺得蠻有意思，轉換角色，改變思維。這位朋友早就趁祖國改革開放，把廠設在長安（深圳以北東莞港商聚集之地），享受人力紅利，這些年來生意興隆，已經符合條件上市，叫我幫忙做 CEO，不外乎讓我跟前跟後，不要走漏某些上市要求。能夠到內地工作，符合我回歸祖國的初衷，我是來作貢獻的，我心中在吶喊。

回想當年，覺得自己有點傻。在滙豐旗下，有份很好的工作，優哉游哉，招人豔羨，怎麼就輕易放棄。三年過後，回到香港，銀行總會為我找份工作。這樣的路線不是很好嗎？為甚麼自己節外生枝，半途而廢，要回到中國，為祖國建設出力。說得太過宏偉吧？我算甚麼，海灘上一顆沙而已。祖國建設會缺我這個人嗎？或許我想錯了，把

自己看得太大，其實我只是一個普通人，一直期盼有份工作能夠早出晚歸，加班加點在所不惜。不是自己比別人資質上更優勝，而是自己願意捲起袖子努力不懈做事而已。就是不能閒下來，遊手好閒的日子自己不慣。或許是自己生來「賤骨頭」，所謂「有自不在，搵苦來辛」那種心態。但是我畢業那時就是這樣的嗎？或許是，或許不是，那是30多年前的事，記不清楚。但是有句真心話，是滙豐銀行把我改造成這樣的。不怕吃苦，有苦差就自願來扛，而且自以為樂，說起來有點反常，正常人不是這樣的，人家不是採取「能避就避」的態度，有禍當前各自飛？不能否認，自己真是有點傻。

銀行不也是傻嗎？從我在美國兩年，就看出銀行的傻。收購美國消費金融為例，傻中之傻，出了錢買過來，管控還在原來領導班子手上，自己派人過去，力度不足，任人擺佈，應該緩一下，結果變快跑。還要給他們笑話，說我們不懂這行業的精髓，就是人家不要的次貸，我們要爭取。接過手來，接過全是「炸彈」，只看甚麼時候爆而已。真是花錢做冤大頭。不僅是美國，其他各地也有不少傻事，接二連三出問題。記得有年銀行派我遠渡重洋到智利去調研，要我把死馬當活馬醫。因為這銀行被滙豐收購

後，得到高度培植，首先是電腦化，接着是程序優化，一連串的改善計劃，但是依然故我，兩年多，電腦化之後連電腦報表是怎樣都不知道，但是全行上下覺得有個「富爸爸」，免費做個富二代，張口就有吃的送上來。雖然派一個自己人過去做老二，但是老大是當地有勢力之人，根本不把銀行放在眼內。我去調研一看就知道不妥，問題是報告需要膽色寫出真相。如果把問題全部掃到地毯下，遲早出問題，而且是大問題。我是傻呼呼的人，寫出真相，銀行不得不做出反應，後來還是要「賣盤」，一來坐食山崩，二來爆破難頂。這種地方，山長水遠，從香港飛過去 36 小時是起碼，連中轉航程。那邊只有一個自己人，叫天不應，叫地不靈，害得他結果提早執包袱。此人的官階應該是 Accountant，做了 14 年升級為「負責人」那種。這種人不少是熬過 14 年的日子，覺得可以放心「遊蕩」，不再審慎面對現實，得過且過，對問題視而不見。說得難聽，就是抱着「去你的」心態來過日子。在銀行快速擴充的路途上，分一杯羹，佔了一個好位置就不思進取。所以我覺得，問題不在頂層決策者，而是執行者不靈光，過份倚靠國際專員。香港是例外，因為銀行一早就開始提供機會給本地華人，而本地華人的心態絕對不會「懶懶閒」，有機會自然拼命而為，為銀行、為自己打拼。所以香港的業績一直樂觀

發展，從未出過大筆壞賬，成為銀行界典範，深受股民青睞。而且出現一種怪現象，就是頂層領導者可以隱形，把行政責任交付下一層類似 Accountant 的人馬，做得好成績就好，否則出現倒退很正常。不過，頂層領導者總會把倒退賴到大環境不佳的情況，跟自己表現無關。不少人跟我一樣，在銀行 30 多年，怎麼會看不到銀行的軟肋？只是不願意說出來，一來心存忠厚，二來說出來又怎樣？可能問題在於溝通渠道的丟失，產生不想講、不能講、不該講種種現象。

我算是敢講，起碼過去幾年寫過兩本書，講滙豐銀行的故事，我很審慎，對敏感話題會有保留，點到為止。但是也是一種表達對滙豐銀行的愛戴，從過去一家地方性銀行一直壯大，最終成為國際大銀行，當然付出龐大代價。沒有對與錯，是一家有野心的銀行應有的態度，隨着機遇的到來，自然要把握，不能棄之不理。可惜，業務發展快過人才培養，逐步力不從心，甚至舉步維艱，難以保持舊觀。但是我不想藉此說誰是誰非，一個決定在決定的時候總是有道理的，問題在於掌舵的人如何順應潮流，該快則快，該緩則緩，才是高手，我在 30 多年的生涯中，看過不少頂級掌舵高手，也見過一些糊塗的領導者，走錯方向，

造成損失。不過看銀行不能看一個點，要看一條線，線上的發展才會看出前因後果。甚至要看一個面，銀行的發展應該是多元化的，應該是一個面，有立體感才對。在這方面來說，我覺得滙豐銀行頗有立體感，活生生有動感，不像某些銀行只是在一條線上慢步走，走一步算一步。寫到這裏，要收筆。一句話總結：懷念昔日滙豐。

難忘的人和事

Bill Tavendale，綽號「肥標」，標是他的名字，肥就不用多講，總之很明顯。是我美國回來後的高爾夫拍檔，我倆每逢週日都打早球，他會自動訂場，很識做。他的球技跟我差不多，否則走不到一起。他打球並非全心全意打球，趁機會八卦一下，張三長，李四短，他很清楚。而且笑話特別多，一個洞一個笑話，不過要我回敬，我材料不多，最多三進一，他也不在意。打完球喝啤酒才是他最強項，他也是銀行默認的喝酒代表，一出場全人類服輸。有點家底，太太在灣仔開餐館，生意不錯。快活過日子，是他人生目標。可惜，去年因病去世，少掉一位老友，讓人傷悲。

後記（一）

過往寫過兩本有關滙豐銀行的書，第一本「滙豐故事」講我在滙豐成長的故事，以趣味性為主軸，加插一些親身體驗，引發一笑為目標。終歸寫書之際還不算一個太老的老人家，輕鬆一點講故事，無傷大雅。第二本書講到滙豐高層領導人的軼事，不存褒貶。滙豐銀行有今日成就跟他們大有關係，但是不想歌功頌德，只是從我跟他們第一身接觸中說出我的看法，也不是想標奇立異，希望讀者能夠從不同角度瞭解前人的事蹟與影響。

有些讀者看完兩本書之後覺得不夠喉，希望我繼續執筆講滙豐故事（謝謝捧場）。但是我已經離開滙豐銀行多年，要講現在的滙豐，一定講不過那些股評家，他們講起來可以如數家珍。但是他們的專長在於滙豐銀行的業績，對於滙豐內部某些事物，尤其是過去的，一定瞭解有限。讓我來講，應該比較到位。所以我也不怕給人嘲笑，年紀一把，還是滙豐前，滙豐後。但是滙豐的日子的確讓我懷念，特以為書，留個紀念。

過去跟商務來往密切，知道一些出版書籍的考量。第一，最緊要好賣，做生意不能不商業化，可以理解。第二，更重要是好看，書籍發行不能不講讀者反應。我加一點：要有後續，讓讀者追捧。我自問沒有這個能力，只是希望讀者覺得意猶未盡，不會把我「拒之門外」。基於這一點，我逼自己寫得快，希望早日發行，讓新書跟讀者有互動，這才是我

的考量。

這些年，前前後後寫了好幾本書，發行的有六本，沒發行的有三本。為甚麼沒發行？因為內容比較個人化，不想給人感覺我在自我宣傳。只是把某些時段的某些事物記下來，存案而已，起碼對自己有交代。今後還會繼續嗎？不一定，可能會，也可能不會。今天的世界充滿不確定性，誰敢說明天會是怎樣。能夠催促自己去做事，今天把事情順利完成，我覺得就很了不起。你說是嗎？

後記（二）

快手快腳把書寫完，有快慰感。可能是我的「職業病」發作，講話總要來個總結，讓聽的人清楚明白，把信息帶走。這本書講我自己對昔日滙豐的懷念，如果要總結為一句話，那會是怎樣呢？昔日滙豐提供培訓是事實，但是不落痕跡，就算我這個當事人也不覺得培訓有條有理，有些培訓簡直是「讓子彈飛」，飛到哪裏是哪裏。有些更是浪費時間，不堪一提。昔日滙豐福利豐厚？不見得。糧期準則是事實，30多年沒試過拖欠，真是托賴。低息購房確實是福利，不少員工得益，今日有瓦遮頭有賴滙豐，不容否認。但光是福利，就來總結昔日滙豐，似乎太過草率。

說到上游計劃，為員工鋪墊升遷路線，那是自欺欺人的說法。看到我的路線，或許有人會說：不錯呀，一步一步提升。我敢說一句不客氣的話：人的上升軌跡，有如「畫鬼腳」的反方向版本，不知道下一步走到哪裏？是的，大銀行升遷講運氣，無可厚非。靠運氣絕非我懷念昔日滙豐的原因。我們不是去賭場，輸贏靠運氣。靠運氣也不公平，有人可能付出很多，但運氣不好，一直停滯不前。

說到昔日滙豐的收購行為，讓銀行壯大，沒說錯。但是也走過彎路，拖累自己。最終不愉快收場，大家不說出來，不等於沒發生過。那是因為不能做到「知己知彼」，有點「亂點鴛鴦譜」。不過我理解，在某個時間段，不容許慢工出細貨，要有快的決策。但是草率總會付出代價，要執手尾就費

時費力，徒呼悔不當初就屬不智。當然也有成功個案，例如加拿大收購英屬哥倫比亞銀行就是典範。銀行術語：我們要擔當計算過的風險。但是拿下之前有算計，也要算計拿下之後怎樣彼此融合？很明顯，力度不足就吃虧。

說到客戶服務的提升，這可是千真萬確的事實。以前靠大招徠客戶，捨我其誰的態度，使我們的服務難成氣候，總是排在一兩家銀行之後。在 90 年代大手筆改革，銀行軟硬件都有明顯進步，這確實是讓老員工振奮的時刻，內心大聲呼喚：獅子醒了，我們終於走在其他銀行前面，威風八面。感謝英明領導讓滙豐破土而出，煥然一新。這一點可以歸納為成功要素之一。

說到昔日滙豐的科技，歷年來有改善，有進步，但是沒有讓人覺得頂呱呱，所謂「科技興國」的精神並未在昔日滙豐徹底落實，有點扭捏。畢竟改良科技需要大手筆投入，以昔日滙豐的蘇格蘭精神，花錢總會不捨得。大家一直相信：夠用就好。培育科技人才也一樣，比起如今當紅的高科技公司我們會汗顏，但是不同時間段有不同的發展重點，當年有欠投入的確有難言之隱，不必深責，後來能追上就好。

講半天，還是沒有一個結論性的說法，到底昔日滙豐是個怎樣的銀行。我覺得困難在於一句話無法涵蓋全部。如果要勉強我說出自己 30 多年來的感受，昔日滙豐是個大熔爐，不同背景，不同思維的人走到一起，但是卻產生頗為一致的行為，就算遇上阻滯，大家依舊願意走在一起。可

能這就是總結昔日滙豐的一句話：凝聚力。進入舊滙豐就有如進入一個大家庭，裏面或許有三代人，各有想法，但是要行動，卻很一致。凝聚力很難用科學角度來證明，只是一種感覺。

說白了，這也就是我的感覺。這也解釋為何昔日滙豐有這麼多老臣子，30 年的年資比比皆是。正如我說，凝聚力使然。當然我要承認，這是我個人觀點，或許有人會說，不、不、不，應該是甚麼、甚麼，才能描繪昔日滙豐。沒關係，各有看法很正常。別人說甚麼，我都歡迎與尊重。